汉族民间服饰谱系

旗旎锦绣

孙晔 胡霄睿 著

崔荣荣 主编

中国纺织出版社有限公司

内 容 提 要

《旖旎锦绣》为"汉族民间服饰谱系"之一。

本书依托江南大学服饰传习馆的馆藏，结合其他博物馆、机构以及私人收藏的汉族民间纺织品实物，对散落在民间的织、染、绣工艺进行调研与记录，将民间纺织用品的织造、印染、刺绣技艺以及民间纺织品图案的内容、形式进行全面的梳理，并从文化的角度加以分析，以期能够引起广大读者对传统织、染、绣技艺的更广泛关注与兴趣，让更多的人参与到复兴与传承传统技艺的工作中来，守护汉族民间服饰中蕴含的精神文化内涵，弘扬中华民族优秀传统服饰文化的理论价值，促进传统文化产业开发，彰显古代劳动人民精神智慧。

图书在版编目（CIP）数据

旖旎锦锈/孙晔，胡霄睿著. —北京：中国纺织出版社有限公司，2020.10（2023.3重印）

（汉族民间服饰谱系/崔荣荣主编）

ISBN 978-7-5180-7650-5

Ⅰ. ①旖… Ⅱ. ①孙… ②胡… Ⅲ. ①汉族—民族服饰—服饰文化—中国 Ⅳ.①TS941.742.811

中国版本图书馆CIP数据核字（2020）第126375号

策划编辑：苗苗　郭慧娟　　责任编辑：金昊
责任校对：王花妮　　　　　责任印制：王艳丽

中国纺织出版社有限公司出版发行
地址：北京市朝阳区百子湾东里A407号楼　邮政编码：100124
销售电话：010－67004422　传真：010－87155801
E-mail：faxing@c-textilep.com
中国纺织出版社天猫旗舰店
官方微博http://weibo.com/2119887771
北京华联印刷有限公司印刷　各地新华书店经销
2020年10月第1版　2023年3月第2次印刷
开本：787mm×1092mm　1/16　印张：13.25
字数：177千字　定价：88.00元

总 序
introduction

汉族民间服饰谱系概述

一、汉族的历史起源

华夏族是汉民族的前身，是中华民族的源头。[1] "华夏" 一词最早见于周代，孔子视 "夏" 与 "华" 为同义词，所谓 "裔不谋夏，夷不乱华"。另据《左传》襄公二十六年载："楚失华夏"，是关于华夏一词的最早记载。[2]徐旭生所作的《中国古史的传说时代》认为，中国远古部族的分野，大致可分为华夏、东夷、苗蛮三大部族。华夏部族地处古代中国的西北，主要由炎帝和黄帝所代表的部落组成。[3] 华夏族是在三大部族的长期交流和战争中融合、同化而成的。炎帝部落势力曾经到达陕西关中，黄帝部落也发展到今河北南部。后来，东夷的帝俊部族和炎帝部族走向衰落，炎黄部落联盟得到极大发展。为了结束各部落集团互相侵伐的混乱局面，蚩尤逐鹿中原，但被黄帝在涿鹿之战中彻底打败。[4] 后以炎黄部落为主体，与东夷部落组成了更庞大的华夏部落联盟，汉民族后世自称 "炎黄子孙"，应是源自于此。

---

[1] 陈正奇，王建国. 华夏源脉钩沉[J]. 西北大学学报：哲学社会科学版，2014，44（6）：69-76.
[2] 袁少芬，徐杰舜. 汉民族研究[M]. 南宁：广西人民出版社，1989.
[3] 徐旭生. 中国古史的传说时代[M]. 桂林：广西师范大学出版社，2003.
[4] 张中奎. "三皇" 和 "五帝"：华夏谱系之由来[J]. 广西民族大学学报：哲学社会科学版，2008（5）：20-25.

在炎黄部落的基础上，华夏族裔先后建立了夏、商、周朝，形成了华夏族的雏形。张正明认为"华夏族是由夏、商、周三族汇合而成"，及至周灭商，又封了虞、夏、殷的遗裔，华夏就算初具规模了。❶文传洋认为汉民族起源于夏、商、周诸民族，而正式形成于秦汉。❷谢维杨认为："夏代形成的文明民族，是由夏代前夕的部落联盟转化而来，这个民族就是最初的华夏族。"❸华夏族是民族融合的产物，春秋战国时期，诸侯之间的兼并战争，加强了中原地区与周边少数民族之间的联系，不同民族之间的战争与迁徙使各民族之间相互交流融合，华夏族诞生后又以迁徙、战争、交流等诸多形式，与周边民族交流融合，融入非华夏族的氏族和部落，华夏族的范围不断扩大，逐渐形成了华夏一体的认同观和稳定的华夏民族共同体。

秦王朝结束了诸侯割据纷争的局面，建立了中国历史上第一个中央集权的封建专制国家，华夏民族由割据战乱走向统一。王雷认为"秦的统一使华夏各部族开始形成一个统一的民族；从秦开始到汉代是汉民族形成的时期。"❹汉承秦制，在"大一统"思想的指导下，汉王朝采取了一系列措施加强中央集权，完成了华夏族向汉族的转化。徐杰舜指出："华夏民族发展、转化为汉族的标志是汉族族称的确定。汉王朝从西汉到东汉，前后长达四百余年，为汉朝之名兼华夏民族之名提供了历史条件。另外，汉王朝国室强盛，在对外交往中，其他民族称汉朝军队为'汉兵'，汉朝使者为'汉使'，汉朝人为'汉人'。于是在汉王朝通西域、伐匈奴、平西羌、征朝鲜、服西南夷、收闽粤南粤，与周边少数民族进行空前频繁的各种交往活动中，汉朝之名遂被他族呼之为华夏民族之名。……总而言之，汉族之名自汉王朝始称。"❺自汉王朝以后，在国家统一与民族融合中，汉族成为中国主体民族的族称。

总体来看，汉民族的形成伴随着华夏、东夷、苗蛮由原始部落向夏商周华夏民族稳定共同体的转变，并经历春秋战国时期的民族交流与融合，华夏一体的民族认同感逐渐形成。秦朝统一六国，并随着汉王朝的强盛完成了华

---

❶ 张正明. 先秦的民族结构、民族关系和民族思想——兼论楚人在其中的地位和作用[J]. 民族研究, 1983 (5): 1-12.

❷ 文传洋. 不能否认古代民族[J]. 云南学术研究, 1964.

❸ 谢维杨. 社会科学战线[C]. //研究生论文选集: 中国历史分册. 南京: 江苏古籍出版社, 1984.

❹ 王雷. 民族定义与汉民族的形成[J]. 中国社会科学, 1982 (5): 143-158.

❺ 徐杰舜. 中国汉族通史: 第1卷[M]. 银川: 宁夏人民出版社, 2012.

夏民族向汉族称谓的转化，在秦汉大一统的时代背景下，汉族自此形成。

二、汉族民间服饰的起源与流变

汉族由古代华夏族和其他民族长期混居交融发展而成，是中华民族大家庭中的主要成员。汉族在几千年的历史发展过程中形成的优秀服饰文化是汉族集体智慧的结晶，是时代发展和历史选择的结果。汉族服饰在不断的发展演变中逐渐形成了以上层社会为代表的宫廷服饰和以平民百姓为代表的民间服饰，二者之间相互借鉴吸收，相较于宫廷服饰的等级规章和制度约束，民间服饰的技艺表现和艺术形式相对自由灵活，成为彰显汉族民间百姓智慧的重要载体。伴随着汉族的历史发展，汉族民间服饰最终形成以"上衣下裳制"和"衣裳连属制"为代表的基本服装形制❶，并包含首服、足服、荷包等配饰体系。❷

（一）汉族民间服饰的起源

汉族服饰的起源可以追溯到远古时期，最初人类用兽皮、树叶来遮体御寒，后来用磨制的骨针、骨锥来缝纫衣服。❸先秦时期是汉族服饰真正意义上的发展期，殷商时期已有冕服等阶级等别的服饰❹，商周时期中国的服装制度开始形成，服装形制和冠服制度逐步完备，形成了汉族服饰的等级文化。在汉族民间服饰的形成和发展阶段，受传统服饰等级制度的制约，贵族服饰引导和制约着民间服饰的发展，汉族民间服饰虽没有贵族服饰的华丽精美，但服装形制与贵族服饰大体一致。

上衣下裳是商周时期确立的服饰形制之一，上衣为交领右衽的服装形制，衣长及膝，腰间系带；下裳即下裙，裙内着开裆裤。周王朝以"德""礼"治天下，确立了更加完备的服饰制度，中国的衣冠制度大致形成。冕服是周代最具特色的服饰，主要有冕冠、玄衣、纁裳、舄等主体部分及蔽膝、绶带等配件组合而成，是帝王臣僚参加祭祀典礼时最隆重的一种礼冠，纹样视级别高低不同，以"十二章"为贵，早期服饰的"等级制度"基本确立。除纹样

---

❶《中华上下五千年》编委会. 中华上下五千年：第2卷[M]. 北京：中国书店出版社，2011.

❷ 袁仄. 中国服装史[M]. 北京：中国纺织出版社，2005.

❸ 蔡宗德，李文芬. 中国历史文化[M]. 北京：旅游教育出版社，2003.

❹ 袁仄. 中国服装史[M]. 北京：中国纺织出版社，2005.

外，早期服饰的等级性在服饰材料上亦有所体现。夏商时期人们的服用材料以葛麻布为主，只是以质料的粗细来区分差别。西周至春秋时，质地轻柔、细腻光滑、色彩鲜亮的丝绸被大量用作贵族的礼服，周天子和诸侯享有精美质料制成的华衮大裘和博袍鲜冠，以衣服质料和颜色纹饰标注身份。❶ 下层社会百姓穿着用粗毛织成的"褐衣"。

深衣是春秋战国时期盛行的衣裳连属的服装形制，男女皆服，深衣的出现奠定了汉族民间服装的基本形制之一。《礼记·深衣篇》载："古者深衣盖有制度，以应规矩，绳权衡。短勿见肤，长勿披土。续衽钩边，要缝半下。袼之高下可以运肘，袂之长短反诎肘。" ❷ 其基本造型是先将上衣下裳分裁，然后在腰部缝合，成为整长衣，以示尊祖承古，象征天人合一，恢宏大度，公平正直，包容万物的东方美德；其袖根宽大，袖口收袪，象征天道圆融；领口直角相交，象征地道方正；背后一条直缝贯通上下，象征人道正直；下摆平齐，象征权衡；分上衣、下裳两部分，象征两仪；上衣用布四幅，象征一年四季；下裳用布十二幅，象征一年十二月。故古人身穿深衣，自然能体现天道之圆融，怀抱地道之方正，身合人间之正道，行动进退合乎权衡规矩，生活起居顺应四时之序。深衣成为规矩人类行为方式和社会生活的重要工具。

（二）汉族民间服饰的流变

商周时期出现的"上衣下裳"与"衣裳连属"确立了中国汉族服饰发展的两种基本形制，汉族民间服饰在此基础上不断发展演进，在不同的历史时期出现丰富多彩的服饰形制。

1.上衣下裳制的服装演变

商周时期形成上衣下裳的基本服饰形制，以后历代服饰在此基础上不断发展完备，常见的上衣品类有襦、袄、褂、衫、比甲、褙子，下裳有高襦裙、百褶裙、马面裙、筒裙等，除裙子外常见的下裳还有胫衣、犊鼻裈、缚裤等裤子。

襦裙是民间穿着上衣下裳的典型代表，是中国妇女最主要的服饰形制之一，襦为普通人常穿的上衣，通常用棉布制作，不用丝绸锦缎，长至腰间，

❶ 吴爱琴.先秦时期服饰质料等级制度及其形成[J].郑州大学学报：哲学社会科学版，2012，45（6）：151-157.

❷ 黎庶昌.遵义沙滩文化典籍丛书：黎庶昌全集六[M].黎铎，龙先绪，点校.上海：上海古籍出版社，2015.

又称"腰襦"。按薄厚可分为两种：一种为单衣，在夏天穿着，称为"禅襦"；另一种加衬里的襦，称为"夹襦"；另外絮有棉絮、在冬天穿着的则称为"复襦"。妇女上身穿襦，下身多穿长裙，统称为襦裙。汉代上襦领型有交领、直领之分，衣长至腰，下裙上窄下宽，裙长及地，裙腰用绢条拼接，用腰部系带固定下裙。秦汉时期的襦为交领右衽，袖子很长，司马迁就有"长袖善舞，多钱善贾"的描述。魏晋时期上襦为交领，衣身短小，下裙宽松，腰间用束带系扎，长裙外着，腰线很高，已接近隋唐样式。隋唐时期女性着小袖短襦，下着紧身长裙，裙腰束至腋下，用腰带系扎。唐朝的襦形式多为对襟，衣身短小，袖口总体上由紧窄向宽肥发展，领口变化丰富，其中袒领大袖衫流行一时。到宋代受到程朱理学思想的影响，襦变窄变长，袖子为小袖，并且直领较多，后世的袄即由襦发展而来。明代时上衣下裙的长短、装饰变化多样，衣衫渐大，裙褶渐多。

下裳除裙子外，裤子也是下裳的常见类型之一。裤子的发展历史是一个由无裆变为有裆，由内穿演变为外穿的过程。早期裤子作为内衣穿着，赵武灵王胡服骑射改下裳而着裤，但裤子仅限于军中穿着，在普通百姓中尚未得到普及。汉代时裤子裆部不缝合，只有两只裤管套在胫部，称为"胫衣"。"犊鼻裈"由"胫衣"发展而来，与"胫衣"的区别之处在于两根裤管并非单独的个体，中间以裆部相连，套穿在裳或裙内部作为内衣穿着。汉朝歌舞伎常穿着舞女大袖衣，下穿打褶裙，内着阔边大口裤。魏晋南北朝时存在一种裤褶，名为缚裤，缚裤外可以穿裲裆铠甲，男女均可穿着。宋代时裤子外穿已经十分常见，但大多为劳动人民穿着，女性着裤既可内穿，亦可外穿露于裙外，裤子外穿的女子多为身份较为低微的劳动人民。

2.衣裳连属制的服装演变

汉族民间衣裳连属制的服装品类包括直裾深衣、曲裾深衣、袍、直裰、褙子、长衫等，属于长衣类。深衣是最早的衣裳连属的形制之一，西汉以前以曲裾为主，东汉时演变为直裾，魏晋南北朝时在衣服的下摆位置加入上宽下尖形如三角的丝织物，并层层相叠，走起路来，飞舞摇曳，隋唐以后，襦裙取代深衣成为女性日常穿着的主要服饰。

袍为上下通裁衣裳连属的代表性服装，贯穿汉族民间服饰发展的始终，是汉族民间服饰的代表性形制之一。秦代男装以袍为贵，领口低袒，露出里

衣，多为大袖，袖口缩小，衣袖宽大。魏晋南北朝时，袍服演变为褒衣博带、宽衣大袖的款式。唐朝时圆领袍衫成为当时男子穿着的主要服饰，圆领右衽，领袖襟有缘边，前后襟下缘接横襕以示下裳之意。宋朝时的袍衫有宽袖广身和窄袖紧身两种形式，襕衫也属于袍衫的范围。襕衫为圆领大袖，下施横襕以示下裳，腰间有襞积。明代民间流行曳撒、褶子衣、贴里、直裰、直身、道袍等袍服款式。清代袍服圆领、大襟右衽、窄袖或马蹄袖、无收腰、上下通裁、系扣、两开衩或四开衩、直摆或圆摆；民国时期男子长袍为立领或高立领、右衽、窄袖、无收腰、上下通裁、系扣、两侧开衩、直摆；民国女子穿的袍为旗袍，形制特征为小立领或立领、右衽或双襟、上下通裁、系扣、两侧开衩、直摆或圆摆，其中腰部变化丰富，20世纪20年代为无收腰，后逐渐发展成有收腰偏合体的造型。

除上衣下裳和衣裳连属的服装外，汉族民间服饰还包括足衣、荷包等配饰。足衣是足部服饰的统称，包括舄、履、屦、屐、靴、鞋等。远古时期已经出现了如皮制鞋、草编鞋、木屐等足服的雏形，商周时期随着服饰礼仪的确立，足服制度也逐渐完备，主要以舄、屦为主，穿着舄、屦时颜色要与下裳同色，以示尊卑有别的古法之礼。鞋舄为帝王臣僚参加祭祀典礼时的足衣，搭配冕服穿着；屦则根据草、麻、皮、葛、丝等原材料的不同而区分，如草屦多为穷苦人穿着，而丝屦则多为贵族穿着。以后历代足衣的款式越来越多样，鞋头的装饰日趋丰富，从质地分，履有皮履、丝履、麻履、锦履等；从造型上看，履有笏头履、凤头履、鸠头履、分梢履、重台履、高齿履等。各个朝代也有自己代表性的足衣，如隋唐时期流行的乌皮六合靴，宋元以后崇尚缠足之风的三寸金莲，近代在西方思潮的影响下，放足运动日趋盛行，三寸金莲日渐淡出历史舞台，天足鞋开始盛行等，各个朝代丰富的足衣文化构成我国汉族服饰完整的足衣体系。

除足衣外，荷包亦是汉族服饰的重要服饰配件。荷包主要是佩戴于腰间的囊袋或装饰品，除作日常装饰外，也可用来盛放一些随用的小物件和香料。古时人们讲究腰间杂佩，先秦时期已有佩戴荷包的习俗，唐朝以后尤为盛行，一直延续到清末民初。荷包既有闺房女子所做，用于彰显女德，又有受绣庄订制由城乡劳动妇女绣制的用于售卖的荷包。荷包是我国传统女红文化的重要组成部分，除实用性与装饰性外还具有辟邪驱瘟、防虫灭菌的作用，寄托着佩戴者向往美好生活的精神情怀。

三、汉族民间服饰知识谱系

汉族民间服饰丰富多彩的服饰形制中不仅包含服饰的形制特色、服装面料、织物工具、色彩染料等物质文化遗产的诸多方面，还包括技艺表达、情感寄托、审美倾向、社会风尚等非物质文化遗产的表达。物质形态汲取民间创作的集体灵感，在形式表现上具有多样性，非物质文化遗产背后则蕴含着更多的情感寄托和人文情怀，是彰显民间百姓真善美的重要载体。汉族民间服饰知识谱系的建构有助于理清汉族民间服饰的历史脉络，挖掘其中蕴含的物质文化遗产与非物质文化遗产，探究其背后的时代文化内涵，促进汉族民间服饰文化的历史保护和文化传承。

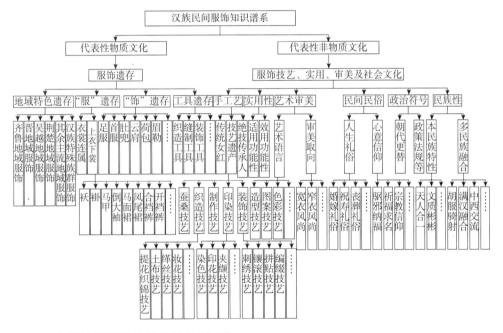

（一）汉族民间服饰的品种类别研究

现存汉族民间服饰包含多种不同形态的服饰品类，这些服饰品类不仅具有空间地域上服饰形制的显著差别，还涉及历史发展中服饰形制的接受与拒绝，既有对历史传统服饰形制的传袭与继承，也有为适应时代发展进行的改良与创新。汉族民间服饰品类的发展与变化既是个人审美时尚的标识符号，也是时代变迁和朝代更迭的物化载体。传统汉族民间服饰品类的研究有助于深究汉族民间服饰形制的演变规律和时代特色，还原其历史发展的真实面貌。

（二）汉族民间服饰的染织技艺研究

汉族民间服饰的染色表达多用纯天然的植物染色和矿物染色表现，染料的选择、染料的配比、染色的浓淡、染料的命名、固色的效果等都较为复杂，形成了自成一套的色彩表现方法，并创造出画绘、扎染、蜡染、蓝夹缬、彩色印花等多种染色方法。与汉族民间服饰的染色体系相似，在传统小农经济男耕女织的时代背景下，汉族民间服饰的织物获得除少数由购买所得，大都以家庭为单位自给自足手工生产制作，织造种类的确定、织造技巧的掌握、织造工具的选择、织造图案的表现、组织结构的变化等都是织物生产的重要环节。汉族民间服饰的染织技艺取材天然，步骤细致，过程繁杂，形式多样，是汉族百姓集体智慧和创造力的表现。

（三）汉族民间服饰的制作技艺研究

汉族民间服饰的制作基本都采用手工制作，历经几千年的发展，成为一门极具特色和科学性的手工技艺，凝结着古人的细密心思和卓越智慧。很多传统服饰制作手艺如"缝三铲一"的制作手法、"平绞针""星点针"等特殊针法、"刮浆"等古老技艺，以及传统装饰手法如镶、绲、嵌、补、贴、绣等所谓"十八镶"工艺等，这些极具艺术价值的传统制作工艺随着大批身怀绝技的传承人的去世面临"人亡艺绝"的窘境，亟待得到保护传承与文化研究。运用文字、录音、录像、信息数字化多媒体等方式对汉族民间服饰的裁剪方法与制作手艺进行记录与整理，对实物的制作流程、使用过程及其特定环境加以展现，保存这些具有独特性和地域性的传统技艺，形成汉族民间服饰制作技艺的影像资料，并从服装结构学、服装工艺学的角度进行拓展性研究，建立完善汉族民间服饰制作技艺的理论构架势在必行。

（四）汉族民间服饰的装饰艺术研究

汉族民间服饰的形制造型、图案表达、纹样选择、色彩搭配等诸多方面都是汉族民间服饰装饰艺术的重要表现形式，也是彰显内在个性、记录服饰习俗、表现社会审美倾向的外在物化表现。其中刺绣是汉族民间百姓最为常见的装饰手法，不同年龄、性别、群体、地域对刺绣的色彩和图案选择都有一定的倾向性，在表现汉族民间服饰内在审美心理的同时也是民俗文化和地域文化的体现。汉族民间服饰中蕴含的丰富的装饰技艺方法是美化汉族民间服饰的主要方式，使汉族民间服饰呈现出精致绝美的装饰效果，对汉族民间服饰装饰艺术的深入学习和理解不仅可以促进传统装饰技艺的保护与传承，同时可以为现代服饰装饰设计提供服务。

四、汉族民间服饰价值谱系

传统汉族民间服饰在历史发展中形成了丰富多彩的服饰形制，这些服饰形制是时代发展和历史选择的结果，不仅具有靓丽耀眼的外在形式，更具有璀璨深刻的精神内涵，是汉民族集体智慧的结晶。构建汉族民间服饰的价值体系，不是仅仅保留一种形式，更是保留汉族社会发展过程中的历史面貌，守护汉民间服饰中蕴含的精神文化内涵，具有弘扬中华民族优秀传统服饰文化的理论价值、促进传统文化产业开发的应用价值以及彰显古代劳动人民精神智慧的人文价值。

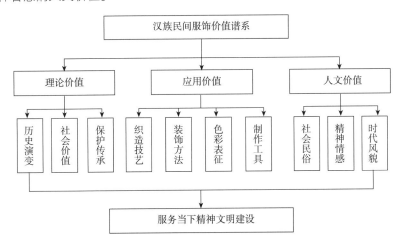

（一）弘扬民族文化的理论价值

传统服饰文化是中华民族优秀传统文化的重要组成部分，汉族民间服饰作为我国优秀传统服饰文化的重要内容之一，在展现劳动人民集体智慧的同时彰显时代发展的印记，是所处时代社会、历史、文化、技艺等综合因素的集中体现，是社会发展的物化载体。挖掘传统汉族民间服饰中的文化内涵，探索古代劳动人民的精神智慧，关注反映时代发展的社会风貌，有助于建设汉族民间服饰发展的理论体系，对弘扬中华民族优秀传统服饰文化起到引导和借鉴意义。

（二）文化产业开发的应用价值

当前，随着中国经济的强势崛起，中国传统服饰文化受到前所未有的关注，中国风在全球时装界愈演愈烈，市场意义深远。汉族民间服饰文化中有大量值得

借鉴的艺术形式，如装饰手法、搭配方式、色彩处理等。汉族民间优秀文化元素的创意开发，需要与时俱进地结合当下的审美观念和市场需求，在融合与创新中推陈出新，避免简单粗暴的元素复制，生产符合当下社会需求的文化产品，在推动民族服饰品牌发展的同时，促进人文精神的传承和文化产业的发展。

随着信息化进程的加速推进，全球一体化、同质化的趋势日趋鲜明，人文精神的力量和软实力的竞争日趋凸显。然而，中国优秀传统文化的流失使许多年轻人对本民族的传统文化认知不清，对传统汉族民间服饰的历史脉络及文化发展存在诸多错误的认知，对很多有关传统汉族服饰的概念理解也不甚清晰。传统汉族民间服饰承载着中华民族历史发展进程中优秀的民族文化，是展现民族智慧的物化载体，对汉族民间服饰的关注与保护有利于人文精神的彰显和民族文化的传承。

五、汉族民间服饰的特色符号阐释

汉族民间服饰有别于宫廷贵族服饰和少数民族服饰，具有原始质朴的特点。由于生产力的限制，男耕女织，植物染色，手工缝制，装饰图案，所有环节都依靠妇女手工或者简易机器完成，是小农经济下手工劳动的产物，在长期历史发展中，保留了一些独具特色的服饰文化符号。

（一）汉族民间服饰的主要特征

汉族民间服饰在历史发展中主要具有以下几个特征：（1）交领右衽。衽，本义衣襟。左前襟掩向右腋系带，将右襟掩覆于内，称交领右衽，反之称交领左衽。汉族民间服饰有一直沿用交领右衽的传统，这与古代以右为尊的思想密切相关，古人认为右为上，左为下。汉族民间服饰受少数民族的着装习惯影响也有着交领左衽的情况，但交领右衽是汉族民间服饰领襟形制的主流。（2）褒衣博带。指衣服宽松，腰间使用大带或长带系扎。受传统封建思想的影响，中国传统服饰强调弱化人体，模糊人体的性别差异，这与西方文化的穿衣理念中有意突出人体，强调性别特征形成对比。受中国传统"隐"的服装理念的影响，汉族民间服饰大都衣服宽松，忽视人体的性别特征。（3）系带隐扣。汉族民间服饰很少使用扣子，多在腋下或衣侧打结系扎。

（二）汉族民间服饰的代表性纹样

汉族民间服饰纹样以具有吉祥寓意的花卉植物图案、动物图案、器物图案、人物图案、几何图案为主。汉族民间服饰中常见的植物纹样有水仙、牡丹、兰花、岁寒三友、菊花、桃花、石榴、佛手、葫芦、柿子等，穿着时一般选择应季生长的植物，多表达"多子多福""事事如意""富贵平安"等吉祥化寓意。常见的动物纹样有蝙蝠、鹿、猫、蝴蝶、龟、鹤等动物形象。器物纹样有八宝纹、盘长纹、如意纹、暗八仙等。八宝象征吉祥、幸福、圆满。盘长纹原为佛教八宝之一，也叫吉祥结，回环贯彻，象征永恒，在汉族民间服饰中常用以表达子孙兴旺、富贵绵延之意。暗八仙为简化的八仙器物，祝寿或喜庆节日场合常常使用。如意纹在汉族民间服饰中常用以表达"平安如意""吉庆如意""富贵如意"的含义。此外，汉族民间服饰中常用八仙祝寿、童子献寿、寿星图、三星图等人物图案来表达吉祥长寿的美好愿望，或使用多种形式的寿字与不同的吉祥图案搭配，寓意福寿绵绵，人物纹样多以团纹或边饰纹样表现文学作品的故事情节。

（三）汉族民间服饰的色彩哲学

《左传·定公十年疏》："中国有礼仪之大，故称夏；有服章之美，谓之华。"可见"礼"是传统汉族服饰文化的核心内涵，汉族民间服饰亦不例外。《诗经·邶风·绿衣》里曾有"绿衣黄里""绿衣黄裳"之句，给人感觉内容有关服饰色彩，其实《绿衣》是卫庄公夫人卫姜，因自己失位伤感而作。黄为正色，是尊贵之色，作衣里和下裳；绿为间色，是卑贱之色，反而作衣表和上衣。❶这是表里相反、上下颠倒，就像卑者占了尊位一样。汉族民间服饰的礼服与常服、上衣与下裳的着装色彩都有一定的规定。受传统阴阳五行观念的影响，传统汉族服饰的礼服常用正色，常服用间色；上衣用正色，下裳用间色；贵族服饰多用正色，平民服饰多用由正色调配出来间色。春秋时"散民不敢服杂彩"，普通庶民多穿着没有色彩的服色。中国民俗中传统汉族服饰以红色、白色历史较为悠久。红色具有热烈奔放的色彩特征，具有驱邪避灾的寓意，在婚礼、祝寿等喜庆场合广泛使用。白色在汉族民间服饰色彩中具有不祥寓意，多为葬礼时穿着，办丧事时不能穿戴鲜艳的服装和首饰，汉族民间服饰中红白喜事对红色和白色的使用已成为民俗习惯演变至今。

汉民族在长期历史发展过程中形成了独具特色的民间服饰文化，具有悠久的历史、丰富的种类、精美的造型、朴素的色彩，集物质文化与精神财富

❶ 诸葛铠. 裂变中的传承[M]. 重庆：重庆大学出版社，2007.

为一体，是体现民族自豪感和彰显民族凝聚力的核心所在，是时代发展和历史选择的见证者，体现了中国服饰发展悠久的历史文明。

六、汉族民间服饰传承谱系

汉族民间服饰文化是中华民族优秀服饰文化的重要组成部分，是数千年来我国汉族人民用勤劳的双手创造出来的智慧结晶，并与民间的社会生活、民俗风情、民族情感以及精神理想连接在一起，也是表达民俗情感、表现民间艺术的重要载体，反映了我国丰富多彩的社会面貌与精神文化，是我国重要的服饰文化遗产。在当卜社会环境、自然环境、历史条件发生巨大变化的情况下，汉族民间服饰作为反映社会文化形态变迁最直接的物化载体，如何既保持汉族民间服饰文化的精髓，又能与时俱进以活态形式创新传承，使汉族民间服饰的优秀因子在时代更迭中不断创新，融入时代元素辩证发展，首先需要建立完整与完善的汉族民间服饰保护与传承体系。

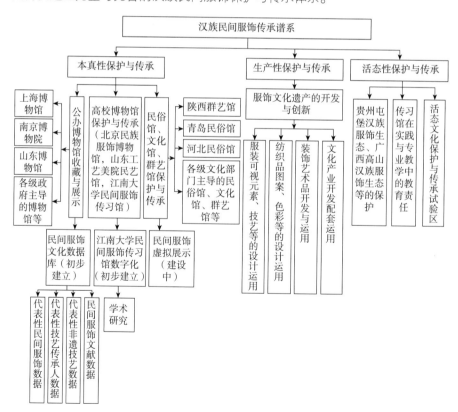

汉族民间服饰文化遗产的传承有三个目的。第一是保护。由于社会的变迁、重构而使生产方式、生活方式发生变化,传统汉族民间服饰的物质形态很难适应当下的社会需求,并且随着大批身怀绝技的传承者衰老去世,很多优秀的汉族民间服饰文化几近失传。对汉族民间服饰的物质形态和身怀绝技的传承者进行摸底考察,建立汉族民间服饰文化的应急保护措施是目前的当务之急。第二是传承。鼓励培养汉族民间服饰传承人,以融入现代生活为导向,增强汉族民间服饰文化的生存活力,将传统汉族民间服饰文化与当代时尚设计和生活方式相结合,将传统汉族服饰文化融入到现代生活中,同时加强汉族民间服饰的宣传展示与交流,推进汉族民间服饰文化的现代传承。第三是发展。汉族民间服饰中的优秀文化成分不能为了保护而束之高阁,也不能为了发展破坏良好的文化基因,需要结合当下文化发展的现实需要,实现传统汉族民间服饰中优秀文化元素的可持续发展。

传统汉族民间服饰文化遗产的保护与传承可以分为以下三种途径:其一是以博物馆为代表的本真性保护与传承。博物馆在汉族民间服饰文化的保护与传承中扮演着重要角色,是收藏汉族民间服饰物质载体和文化研究的重要机构。借鉴以中国丝绸博物馆为代表的一批在服饰文化遗产保护和传承方面做得较好的展馆的保护经验,对现存汉族民间服饰的品种类别、保存现状、数量体系等进行全面考察,建立汉族民间服饰的专门性展馆和在线博物馆数据展示平台,构建一个汉族民间服饰博物馆系统的完整服饰保存体系。

其二是进行生产性保护与传承。在社会变迁重构中,如果汉族民间服饰文化不能以物态化的形式进行价值转型与提升,势必会影响到汉族民间服饰的保护与传承。汉族民间服饰具有悠远的历史文明与服饰渊源,在保护汉族民间物质文化形态的同时,更要结合现代的时尚审美理念对其进行创新应用。重点借鉴传统汉族民间服饰中的艺术形式和装饰手法,吸收传统汉族民间服饰中蕴含的设计智慧,将汉族民间服饰中的优秀文化转化为符合当下需求的时尚商品,在市场竞争中重新焕发生机与活力。

其三是进行活态性保护与传承。目前在四川、云南等偏远地区少数民族仍保留有尚未被现代化浪潮冲击的汉族民间服饰的完整生存空间,如广西的高山汉族、贵州的屯堡等,这些完整的汉族民间服饰文化生存空间是展现汉族民间服饰的传统生存面貌、还原汉族民间生活方式的活化石。在保护展示

这些汉族民间服饰生存空间的同时保持其历史性、完整性、本真性、持久性是实现其可持续发展的重要原则。积极关注传统汉族民间服饰的历史空间及其发展动态，展示传统汉族民间服饰的原始形态，保护传统汉族民间服饰的物质形态及手工技艺，实现传统汉族民间服饰历史面貌的活态性保护与传承。

在国家文化复兴战略的社会背景下，汉族民间服饰作为我国优秀传统文化的重要组成部分，做好汉族民间服饰的保护传承与交流传播，思考从不同视角提升汉族民间服饰发展的有效方式，探讨未来汉族民间服饰文化的创新发展与实践应用，防止汉族民间服饰文化的快速流失，实现中华民族优秀服饰文化的可持续发展，促进文化自觉和文化自信的提升，顺应了中华民族文化复兴和时代发展的潮流，功在当代利在千秋。

崔荣荣

2019年12月于江南大学

小 序
p r e f a c e

　　民间是一个相对宽泛的、变化的概念。在历史上，与民间相对应的是宫廷、官府、士大夫阶层。近代以来，与民间相对应的是资产阶级和中产阶层，而当代与民间相对应的是正统以及体制等。在文化艺术方面，与民间相对应的是主流、高雅等。❶关于民间服饰这里还是从历史的角度来界定，古代纺织品的生产分为官营织造与民间纺织生产，对于服制也是有规定的，服饰在历史上是区别官民、贵贱的标识，一般来说，宫廷贵族服装的用料在织造和装饰工艺上都代表了那个时代的最高水平。然而，除去服制中规定的民间禁用的那部分服饰，民间服饰这个范畴涉及更加丰富的内容。

　　如果没有纺织，就没有服装，如果没有服装，人类恐怕至今还以种群形态生活，很难形成社会文明秩序。❷有了衣着——有了社会的秩序——有了文明的基础。黄帝垂衣裳而天下治。纺织文化是衣着服饰的前提，衣着服饰是纺织文化的生动展现。所以对于民间服饰的研究，纺织品本身是重要的一个内容。在汉族民间服饰的大框架中，纺织不仅限于纺与织的工艺，也包括围绕纺织品的装饰工艺与艺术效果。这里的民间纺织品主要是指民间纺织生产的，以及民间百姓广泛使用的。

　　中国幅员辽阔，汉民族地域分布广。《中国文化通志》从地域文化的角度做了以下区域的划分：秦陇文化、中原文化、晋文化、燕赵文化、齐鲁文化、

---

❶ 徐艺乙. 手工艺的文化与历史：与传统手工艺相关的思考与演讲及其他[M]. 上海：上海文化出版社，2016.
❷ 孟宪文，班中考. 中国纺织文化概论[M]. 北京：中国纺织出版社，2000.

巴蜀文化、荆楚文化、吴越文化、闽台文化、岭南文化。❶不同的地域、不同的自然环境与人文环境造就了不同的民俗文化，然而这些民俗文化的差异又都是汉族主流文化中生成的不同支流，犹如一棵根系庞大的树，树冠枝丫错综复杂。民间纺织的生产具有浓厚的民俗色彩与地方特色，形成了特有的纺织岁时习俗、社会习俗和礼仪习俗。这些习俗具有浓厚的文化氛围，劳动人民在这样的氛围中被熏陶，并不自觉地接受和传承了这些风尚习俗所蕴含的价值观念。

围绕服饰的纺织品是实用品也是精神的物化品。纺织不仅满足人们的衣着之需，同时也不断地编织人们的理想与追求，正是有了这些理想追求，才有了不断丰富的纺织品种，以及装饰纺织品的各种技艺与五彩斑斓的图案。

我国纺织发展历史悠久，围绕织、染、绣的工艺用品更是丰富多彩，从丝、棉、麻的原料到织造上的组织变化，创造了无数的面料品种，各地的纺织品特色也有不同。在民间，刺绣是最普遍的纺织品装饰工艺，然因地区文化的不同，刺绣的针法、用线、用色、装饰内容的不同而形成各地的风格流派。同样，各地印花工艺也各有特色。所以对民间织、染、绣工艺以及民间纺织品图案的研究与保护是一个不小的工程，尤其是对快要失传的工艺，以及不可复得的民间存留实物来说更是如此。

随着对传统生活方式下纺织类手工艺的历史、文化、精神价值的进一步认识，对民间织、绣、染工艺及用品的保存、保护、整理、传承工作的深入，各地博物馆、传习馆也随之产生，大量的民间留存实物进入收藏领域。民间纺织品的收藏具有一定的难度，一方面，民间纺织主要是满足人们生活所需，所以一般是用于生活的实用品，比如服装、床品等，这些实用品在使用的过程中会出现磨损，最终失去完好的品相；另一方面，纺织品也会因为时间长久而失去牢度，所以民间纺织品难以保存。能够保存完好的纺织品一般是在少数场合、特殊场合使用的，比如婚礼服，而这种在少数场合使用的，又往往是越发精美的，是倾注所有工巧、才智与美好愿望的，对于收藏者来说，这是值得庆幸的。

民间纺织品留存实物的收藏和保存，也是"非遗"文化保护工作的一部分，精美的实物可以讲述精彩的过去、文化的根源，但是却不能改变不可复

❶ 姜义华. 中华文化通志总目提要[M]. 上海：上海人民出版社，1999.

得的现实。所以民间现存的传统手工艺的保护是让传统再现光彩、延续文化的重要部分。

目前，传统织、染、绣的技艺在民间仍有传承，但有的传承，尤其是手工织造技艺的传承现状堪忧，主要表现为传承主体的老龄化；还有民间手工印花的传承也面临后继无人的局面；手工技艺的生产效率低，缺乏市场的竞争力，也是传承面临的问题。好在这些问题已被广泛关注，有些失传的技艺已得以恢复，各地也在努力复兴各种传统技艺。

本书的研究主要依托江南大学服饰传习馆的馆藏，还有部分来自其他博物馆机构收藏的民间纺织品实物，以及少量私人收藏。为了进一步了解这些实物的制作过程，我们还对散落在民间的织、染、绣的工艺进行了调研与记录，将民间纺织用品的织造技艺、印染技艺、刺绣技艺，以及民间纺织品图案的内容、形式进行了全面的梳理。

对民间的织、染、绣了解得越深入，越是觉得民间纺织这棵树枝繁叶茂，根系庞大。希望书中的图文使读者对整个发展脉络与现状的了解能有一个相对的清晰度，对传统民间纺织有个速写形式的概括了解，也希望本书能起到抛砖引玉的作用，能够引起对传统织、染、绣技艺的更广泛关注与兴趣，让更多的人参与到复兴与传承传统技艺的工作中来。既然是速写，难免有疏漏和不准确之处，所以也希望得到专业人士的批评与指正。

本书共六章，第一、第二章由江南大学胡霄睿撰写；第三至第六章由南通大学孙晔撰写。

本书的完成要感谢江南大学民间服饰传习馆，以及中国丝绸博物馆、南京博物院、南通博物苑、中国妇女儿童博物馆等相关博物馆，是这些博物馆的收藏，为我们提供了研究的依据；还要特别感谢南通宣和缂丝研制所的王玉祥先生的支持，感谢沈晔老师在百忙之中为本书绘制插图；感谢研究生王晓彤在书稿完成前期所做的工作。

孙晔　胡霄睿

2019年12月于南通大学

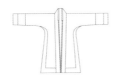

目 录
c o n t e n t s

第一章　汉族民间纺织概述 ………………………………… 1
　　第一节　纺织的历史渊源 ……………………………… 2
　　第二节　纺织的文化内容 ……………………………… 12

第二章　汉族民间纺织技术与纺织品 …………………… 21
　　第一节　纺纱工艺与手工机器 ………………………… 22
　　第二节　织机与织物组织 ……………………………… 24
　　第三节　民间丝织物 …………………………………… 34
　　第四节　民间棉、麻、毛织物 ………………………… 47

第三章　汉族民间纺织品的染色与印花 ………………… 57
　　第一节　传统染色工艺 ………………………………… 58
　　第二节　传统印花工艺 ………………………………… 66
　　第三节　民间现存手工印染技艺 ……………………… 75

第四章　汉族民间纺织品刺绣技艺 ……………………… 93
　　第一节　民间刺绣的概述 ……………………………… 94
　　第二节　民间刺绣的工具与材料 ……………………… 101
　　第三节　民间刺绣的常见针法 ………………………… 103
　　第四节　其他刺绣工艺 ………………………………… 115

第五章　汉族民间纺织品纹样 …………………………… 121
　　第一节　民间纺织品装饰纹样的题材 ………………… 122
　　第二节　民间纺织品装饰纹样的作用 ………………… 136

第三节　民间纺织品装饰纹样的艺术表现手法 ············· 139

第四节　民间纺织品纹样的构成秩序 ··················· 151

第五节　民间纺织品纹样的色彩 ······················· 157

第六节　民间纺织品纹样的文化根源 ··················· 163

第六章　汉族民间传统印染织绣技艺的传承与发展 ····· **167**

第一节　民间传统印染织绣技艺的传承 ················· 168

第二节　民间传统印染织绣技艺的生存现状 ············· 171

第三节　民间传统印染织绣技艺的发展空间 ············· 178

附录　国家级染织类非遗名录 ························· **185**

第一章

汉族民间纺织概述

第一节　纺织的历史渊源

　　纺织的历史悠久，追根溯源可以到旧石器时代。史前遗迹的考古实物——北京周口店山顶洞人遗址出土的骨针证明，旧石器时代，我们的祖先就掌握了初步的缝制技能。河南舞阳贾湖遗址、河北磁山遗址出土的距今6000多年的纺轮，以及浙江余姚河姆渡新石器时代遗址出土的木纬刀和卷布木轴，可以推测新石器时代已经开始使用纺轮和原始的腰机进行纺织。野生葛、麻被认为是最早使用的纺织原料。江苏吴县草鞋山出土的距今6000多年的纺织品残片，被鉴定是野生葛。河南荥阳青台村出土的丝织品经检测属于仰韶文化时期，所以利用蚕丝来纺织的历史至少也有五六千年。之后，在相当长的历史阶段，我国是唯一生产丝织品的国家。棉花的种植与利用则更晚一些，要到宋代之后才开始普及。

　　从旧石器时代的手工编织到现代机器纺织，纺织技术与纺织材料经历了漫长的发展过程，这个过程大致可以分为原始手工纺织时期、手工机器纺织时期、动力机器纺织时期三个阶段。

一、原始手工纺织时期

　　纺织史中一般把夏朝之前的原始社会称为原始手工纺织时期。这个时期的特征是以采集原料为主，开始有纺织原料的培育——种桑麻、养蚕、养羊的农牧业，形成了以黄河中下游、长江中下游为中心的丝、麻生产地区。纺织技术上有人力操作的工具，如纺锤、纺轮等，有了平铺式与吊挂式的编织方法，出现了原始的腰机与综版织机，可以织出简单的花纹和色彩。

　　河姆渡出土一只象牙盅，四周刻有类似蚕的虫形纹，证明当时人们除了利用植物茎皮外，已经认识到野蚕丝的重要性。出土的旧石器时代晚期文物中已出现纺轮，其中最早的出土于河北磁山，时间为公元前5300多年，其后为河姆渡，公元前4900多年，证明那时用纺轮纺纱已经很普及了。出土的新石器时代陶器上有许多印有编制物的印痕。河姆渡遗址出土有精细的芦席残片，陕西半坡村出土的公元前4000多年的陶器底部已有编织物的印痕。河姆渡遗址出土了木刀、分绞棒、卷布棍等原始腰机零件，造型和现在保存在少数民族中的古法织机零件甚为相似。在浙江余姚河姆渡的新石器遗址中出土的距今6000多年的织布用的木刀、木圆棍，正是原始腰机构件中的打纬刀、卷布辊、分经棍和综杆。江苏草鞋山遗址出土的距今6000多年的织物残片鉴定是葛布残片。

此外，河南郑州青台遗址（距今约5500年）发现了粘附在红陶片上的苎麻和大麻布纹、粘在头盖骨上的丝帛残片，以及10余枚红陶纺轮，这是最早的丝织品实物。浙江吴兴钱山漾遗址（距今5000年左右）出土的精致丝织品残片，丝帛的经纬密度各为48根/厘米，丝的捻向为Z捻；丝带宽5毫米，用16根粗细丝线交编而成；丝绳的投影宽度约为3毫米，用3根丝束合股加捻而成，捻向为S捻，捻度为35捻/10厘米。这表明当时的缫丝、合股、加捻等丝织技术已有一定的水平。

二、手工机器纺织时期

（一）手工机器纺织的初期（商周时期）

自商朝开始，大麻、苎麻和葛已成为主要的植物纤维；种桑、养蚕、缫丝和织造的技术日趋成熟，根据殷墟妇好墓出土的青铜礼器上附着的织物，可以判断当时已有了绮、罗、绢等丝织品种。这些还可以从早期的甲骨文和民间诗歌中得到考证。

出土的商周时期的丝织物已有简单的几何图案的提花（如回纹），并且利用多种矿、植物染料染色，能够染出黄、红、紫、蓝、绿、黑等色彩。《诗经·卫风·氓》："氓之蚩蚩，抱布贸丝。非为贸丝，来即我谋。"说明当时丝绸已成为流通的交易物品。

春秋战国时期，丝绸的生产在经济生活中占有重要地位。各国统治者把蚕桑生产作为富国裕民之策，制定优惠政策鼓励蚕桑业的发展。《史记·楚世家》记载：周敬王元年（公元前519年），吴楚两国因争夺边界桑田，曾发生大规模的"争桑之战"，可见蚕桑之利在当时经济上的重要地位。《史记·越王勾践世家》记载勾践"身自耕作，夫人自织"，厚积钱币，最后亡吴而称雄，也说明了男耕女织的生产模式的形成与耕织在经济中的重要地位。

由于种桑植麻、缫丝纺纱、织绸织布已相当普遍，染织工艺迅速发展，

图1-1 战国菱纹罗
浙江安吉五福村楚墓出土
（中国丝绸博物馆藏）

出现了"齐纨""鲁缟"等具有地方特色的著名品种。织物的提花开始由简到繁，出现了比较复杂的鸟兽龙凤图案，有了菱形纹、圆圈纹、三角形纹、折线纹、叶形纹、龟背纹等，同时还出现了刺绣。江陵马山一号楚墓出土的丝织品就有绢、绨、纱、罗、绮、锦等品种。出土丝织品种之多，技术之精湛，使马山一号楚墓被誉为"丝绸宝库"。图1-1是浙江安吉楚墓出土的菱纹罗。刺绣作为一种装饰手段出现在丝织品上，其纹样也相当丰富，有龙、凤、虎、人物、几何形等。

春秋战国时期葛布、麻布的品种也较多，织造技术水平也已很高，精美的苎麻布可以与丝绸媲美，产量也相当惊人。《吴越春秋》记载，越王勾践败与吴国后，一次献给吴王的葛布就达10万匹，可见当时葛布的产量之高。

根据出土的织品推断，缫车、纺车、脚踏斜织机等手工机器和腰机提花、多综提花等织花纺织机器在春秋战国时期均已出现。丝、麻脱胶，矿物、植物染色等纺织技术也有文字记载。《韩非子》中记载，吴起因"其妻织组而幅狭于度"而休妻，说明当时对布、帛的规格也已有了一定的规定。

总体来说手工机器的形成时期已有了缫车、纺车、织机等纺织机器，人力是机械动力的来源。有了绢、罗、绮、锦等纺织品种，可以织出比较复杂的纹样。纺织产品在规格和质量上也逐步有了标准。纺织品成为交易的媒介，起到了货币的作用。

（二）手工机器纺织的发展期（秦汉—隋唐）

秦汉时期，男耕女织的生产模式已相当普遍。汉代有了大量的有关纺织的记载：《汉书·地理志》记载"男子耕种禾稻，女子桑蚕织绩"。后汉时期《四民月令》中记载了从养蚕到缫丝、织缣、擘绵、治絮、染色等的全过程。《汉书·张汤传》记载：汉武帝时，富豪张世安经营的作坊，有七百人从事生产，他的妻子也参加纺绩。《西京杂记》记载，汉昭帝时巨鹿人陈宝光之妻创造的织花绫高级提花机，一机有120蹑，60天织一匹，匹值万钱。这些都反映了汉代的纺织技术水平，以及纺织生产的繁荣。

大量的出土纺织品，也说明了汉代的染织工艺在继承传统的基础上有了飞跃的发展。丝织品种增多，能够织出精美的花纹，云气纹、动物纹、几何纹、文字纹等大量出现，而且染色技术达到较高水平。汉代王充《论衡》中记载"齐郡世刺绣，恒女无不能"，说明了当时齐地刺绣已相当普及，从出土的纺织品可见。汉代的刺绣主要运用锁绣的针法，也有直针平绣。长沙马王堆汉墓出土的大量丝织品和衣物，有平纹、提花、织锦和刺绣，有一件薄如蝉翼的素纱襌衣（图1-2），结构精密细致，孔眼均匀清晰，重量不到一两，只有49克。

秦汉时期苎麻的种植与加工技术都有提高，麻的脱胶技术已相当完善，麻织物品种也已相当丰富，可以织成相当精美的细布，"织成文章如绫锦"形容的就是一种精美的苎麻织物。

汉代的染色技术达到了较高水平。西汉《急就篇》中记载的色彩就有二十种之多。从湖南长沙马王堆出土的纺织品也反映了当时的印染工艺。织物纹样主要通过画绘、凸版模印工艺来实现。另外，隋刘存《事始》引《二仪实录》记载"夹缬，秦汉始有之"，说明夹缬在秦汉时代也已出现。

魏晋南北朝时期是一个纷乱的时期，这个时期的纺织生产在艰难中发展。三国时期机械改革家马钧改良了旧绫机，简化了多综多蹑的构造，并且使提花织物生产效率大大提高。刺绣工艺也得到发展，如图1-3的兽面绣纹精美程度可见一斑。

图1-2　马王堆汉墓出土的素纱襌衣
（湖南省博物馆藏）

图1-3　北朝兽面纹绣
（中国丝绸博物馆藏）

旖旎锦绣

江南的桑蚕生产技术以及丝织生产在这个时期也有了明显的发展。养蚕技术的发展表现在对家蚕品种的改良上，《齐民要术》引郑缉之《永嘉记》记载，永嘉有八辈蚕，分别是"蚖珍蚕、柘蚕、蚖蚕、爱珍、爱蚕、寒珍、四出蚕、寒蚕"，永嘉是今天的温州地区，八辈蚕是这个地区的地方蚕种。八辈蚕为全年养蚕提供了条件。养蚕技术的发展，带动了江南丝织业的发展。

这个时期，纺织生产发展有三个集中地区：中原、川蜀和江南。蜀锦是著名的丝织产品。提花、印染等纺织技术在这时期传入日本；桑蚕生产技术也在这个时期传入西方。姚宝猷《中国绢丝西传史》中就记载了大约公元六世纪，两位古波斯使者到中国学习养蚕和丝织的技术，并把蚕种带了回去。❶

隋唐时期是我国封建社会经济文化的一个鼎盛期，当时国力强盛，文化自信，是当时世界上的先进文明国家，交通发达，对外交流空前繁荣，染织工艺是对外交流的重要方面。这个时期，丝、麻纺织业繁荣发展，纺织技术和生产能力明显提高。隋代历时较短，依据《隋书·地理志·扬州下》记载："一年蚕四五熟，勤于纺绩，亦有夜浣纱而旦成布者，俗呼为鸡鸣布"，可见当时桑蚕丝织业的兴盛。

唐政府非常重视桑蚕生产，在均田制中规定了桑田的面积，甚至种植的数量。唐诗《织妇辞》（孟郊）中有这样的描写："官家榜村路，更索栽桑树。"《旧唐书·武宗本纪》记载："一夫不田，有受其饥者；一妇不蚕，有受其寒者。今天下僧尼不可胜数，皆待农而食，待蚕而衣。"可见唐政府对农桑生产重视的程度。

先秦以来，在形成的三个纺织集中地区中，黄河下游以河北、河南为代表的中原地区、四川成都地区是比较发达的丝织生产中心。唐代蜀锦仍然很有名，花式品种仍在不断发展。"春水濯来云雁活"是诗人郑谷对蜀锦上花鸟的生动描写。"缫丝鸣机杼，百里声相闻"则是诗人李白描述的河北清漳一带丝织生产的繁忙景象。长江中下游地区，本来是以产麻、葛织物驰名，丝织业在入唐以后也逐渐发达起来，尤其是安史之乱之后，黄河流域遭到巨大破坏，大量人口南迁，使江南地区的丝织业得到迅速发展，并成为当时上供丝织物的几个主要地区之一，但与其他两个丝织中心相比仍有差距。

---

❶ 姚宝猷. 中国绢丝西传史[M]. 上海：商务印书馆，1944.

唐代的丝织生产有官营与私营两种，除官营的作坊外，民间丝织生产遍布全国，民间手工坊数量也随着城市的繁荣和商品流量的扩大而不断增多，有些地区出现了专门的织锦户、织造户、绫户、锦户等。

唐代的绢帛，在民间也是普遍作为货币使用，以代替日常生活费的支用。❶唐代的绢帛是可以当货币来使用的，可以作为国费、军费、贡品、赏赐，也可用来支付赋税。这也从另一方面促进了民间丝织业的发展。

唐代时，织物的三原组织（平纹、斜纹、缎纹）趋向完整。有了纬线提花的织锦技术，这是我国纺织工艺的重大进步，配色图案更加丰富。从出土的实物分析，小花楼机的出现应是在隋唐时期❷。唐代的代表性丝织纹样有：联珠纹、团窠纹、卷草纹、对称纹、几何纹等，从图案题材的丰富、图案单位变化的复杂不但可以看出当时提花工艺的水平，还展示了当时对外交流的文化成果——在与西方文化交融的过程中，依然保持了中华文化的特色（图1-4）。

图1-4　唐代团窠联珠对狮纹锦（中国丝绸博物馆）

---

❶ 吴淑生，田自秉. 中国染织史[M]. 上海：上海人民出版社，1986.
❷ 赵承泽. 中国科学技术史·纺织卷[M]. 北京：科学出版社，2002.

唐代的印染方式更加丰富，著名的有夹缬、蜡缬、绞缬、镂空版印花、套色印花等（图1-5）。从丝绸之路出土的大量唐代纺织品上可以看到当时纺织技术印染的水平。唐代的纺织印染，除了有大量的文献记载和大量出土实物外，还有古代绘画中的形象资料可做考证，如周昉的《簪花仕女图》等。

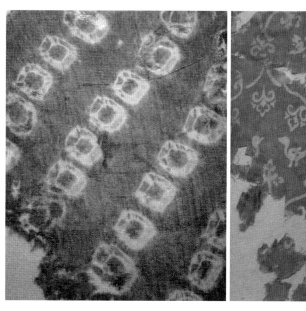

（a）绞缬   （b）棕色地印花绢

图1-5　唐代印染面料（中国国家博物馆）

（三）手工机器纺织的繁荣期（五代—明清）

到了宋代，丝绸的生产更是空前发达，南方的丝织业已超过北方。民间丝织业的生产形成两种基本形态：一种是农户家庭副业生产，满足缴纳赋税和自足的需要，或者出售商品换取生活所需；另一种是完全脱离了农业生产的商品生产。出现了大量专门从事纺织生产的机户。以家庭为单位、家庭成员为主的生产，由官府提供原料，机户织造，官府再统一收购。

宋代丝织品种有锦、纱、罗、绮、绉、绸、绢、绫等。还出现了著名的缂丝工艺，织造上具有通经断纬的特点，在用色上有较大的自由度，所以到了南宋，缂丝工艺从服用面料的织造转向装饰艺术，力求模仿名人的书画，使织物书画化，并有大量的传世作品。明代张应文《清秘藏》中评价宋代缂丝时说"宋人缂丝，不论山水、人物、花鸟，每痕剺断，所以生意浑成，不为机经掣制。如妇人一衣，终岁方成，亦若宋绣，有极工巧者"（图1-6）。

宋代的对外贸易非常发达，丝绸仍然是对外贸易的重要内容。元代马祖常《河湟书事》中："波斯老贾渡沙流，夜听驼铃认路赊。采玉河边青石子，收来东国易桑麻。"丝绸之路上的驼铃声是桑麻交易的信号声。同时，进一步开拓了海上丝绸之路，经过印度洋、阿拉伯海把中国的丝绸带到历经的沿岸、岛屿，最远到达非洲。

这个时期，由于商品贸易、城镇经济的迅速发展，原来的手摇纺车和三锭脚踏纺车已不能满足纺织生产的市场需要，出现了利用水力、蓄力的32锭的纺麻大纺车，大大提高了生产效率。

宋代以前，中国衣着原料来源于丝、麻。中国古有"绵"字，至宋始有"棉"字。宋之前的所谓"绵"皆指"丝绵"，所谓"布"皆指"麻布"。宋末元初，棉花种植向黄河流域和长江流域等范围普及。元代著名棉纺织革新

图1-6　宋代沈子蕃缂丝花鸟
（台北故宫）

家黄道婆对棉纺织技术做出了巨大的贡献，她根据海南黎族先进的棉纺织经验和自己长期的实践经验，系统地改进了去籽、弹花、纺纱到织布全过程的棉纺织生产技术，并将这些技术带回到她的家乡松江乌泥泾，使长江中下游棉纺织生产有了进一步的发展。

明代，各种纺织机械不断改良，大大提高了生产效率，织造机械——腰机式织机、花楼机在这个时期基本改良定型。"凡织杭西、罗地等绢，轻素等绸，银条、巾帽等纱，不必用花机，只用小机。织匠以熟皮一方置于坐下，其力全在腰尻之上，故名腰机。"[1] "凡花机通身度长一丈六尺，隆起花楼，中托衢盘，下垂衢脚"[1]，花楼机织大提花及锦类织物。宋应星《天工开物》中

---

[1] 宋应星. 天工开物译注[M]. 潘吉星，译注. 上海：上海古籍出版社，2008.

赞叹提花工艺"凡工匠结花本者，心计最精巧，……，天孙机杼，人巧备矣。"意思是提花中编结花本是需要精密计算的，其巧可与天上的织女织技相媲美（图1-7）。

明代政府鼓励种棉织布，并有相应的税收优惠政策，所以棉纺织业大范围普及，到了明末，棉纺织业已成为中国小农家庭的重要生产活动，并且取代了麻纺织而占据主导地位。清代王应奎在《柳南续笔》中说"今棉之为用，可以御寒，可以生暖，盖老少贵贱无不赖之，其衣被天下后世，为功殆过于桑蚕也。"这里道出了棉纺织迅速发展的重要原因。

明清时期，手工纺织机器发展到高峰，纺织技术、纺织品种、数量及质量都远超前朝，丝绸的织造中不仅有传统的品种，还有"妆花"织物、"织金锦"、提花缎（图1-8）等。生产的纺织品不仅满足自己生活的需要，还出口欧、美、东南亚各国。出口纺织品中除了丝绸，还有大量的棉布，当时的松江棉布、南京紫花布等更是名噪一时。

明清时期，我国的染料应用技术达到相当高的水平，有的地方不仅设有专门的染坊，而且染色分工细致明确，复杂的印花技术有了很大的发展。直到1834年，法国的佩罗印花机发明之前，我国一直拥有世界上最发达的手工印染技术，古代的印染不仅色彩丰富艳丽，而且色牢度较好，不易褪色。

图1-7 明代喜字莲妆花（中国丝绸博物馆）

图1-8 清代大红地提花缎（南京博物院）

三、动力机器纺织时期

在动力纺织机器生产之前，我国的纺织生产技术一直遥居世界领先的水平。三千多年前，丝绸就通过丝绸之路远销欧洲，一直受到欧洲人的青睐。18世纪后半叶，西欧在手工纺织的基础上发展了动力机器纺织，逐步形成了集体化大生产的纺织工厂体系，并且推广到了其他行业，使社会生产力有很大的提高。西欧国家把机器生产的"洋纱""洋布"大量倾销到中国来，猛烈地冲击了中国手工纺织业。中国在鸦片战争失败后，从1870年开始引进欧洲纺织技术，开办近代大型纺织工厂，从此形成了少数大城市集中性纺织大生产和广大农村中分散性手工机器纺织生产长期并存的局面。1890年，上海建立了第一所机器织布厂，标志着棉纺织生产工艺进入新的阶段。但是工厂化纺织生产发展缓慢，截至1949年，占主导地位的棉纺织生产规模还只有500万锭左右。这是大工业化纺织的形成阶段。

抗日战争之前，我国纺织业还有一度的发展，主要表现为机织业和特色手工艺，各地还出现了一些特色品种：江苏南京的宁缎宁绸，镇江的江绸缣丝，南通的土布，苏州的刺绣；浙江杭州的丝绸；安徽亳县北关的羊毛毡毯；江西宜春的夏布；山东烟台栖霞海阳的花边，潍县的大布梭布；湖北应城长江埠的木机土布；河南南阳、镇平的丝绸，禹县的土布；河北高阳大布；上海浦东的土布，机织印花布，沪西的地毯，徐家汇的花边，等等。

中华人民共和国成立之后，纺织工业有了日新月异的发展，机器生产逐渐取代了传统的手工织造、印染和刺绣，纺织原料除了传统的丝、麻、棉等天然纤维，还出现了大量的化学纤维，纺织品种迅速增多。机器的生产大大提高了生产的效率，同时也使传统工艺的生产规模大大缩减。棉纺织规模迅速扩大，毛、麻、丝纺织也有相应的发展。纺织技术也有提高，已能制造全套纺织染整机器设备。国家分别从纺织工业布局的改善，天然纤维品种的改良，纺织机械制造业的形成，纺织机器的革新，科学管理的逐步推行，新型纺织技术的开发研究，纺织专门人才的培养等方面促进了纺织业大发展。随着改革开放和加入WTO以来，中国已成为全球纺织领域中引人注目的国家之一，纺织产业成为强势出口产业。

纺织生产的历史上有两次飞跃，一次是以缫丝、纺纱、织造等手工机器为特点的手工机械化，另一次是以动力机器为特点的工业化生产。纺织业的

发展，带来社会文明的进步、经济文化的繁荣，尤其在古代，纺织业是国家经济的重要组成部分。同时纺织业也对国际睦邻友好关系起到了促进的作用。中国丝绸织物的精美贵重、品质的亲切温柔给人以祥瑞之气，历来也是礼品的首选。在现代，传统的染、织、绣工艺仍然受到广泛的青睐，并迎合时代的需求朝着文化艺术的方向发展。

第二节　纺织的文化内容

从历史的角度看我国的纺织技术在世界范围内可以说是技艺超群，尤其是丝织技术。纺织业的发展为各个时代创造了丰富的物质财富，带来了可观的经济收入。然而纺织技术和纺织经济不是纺织的全部，不能完整地反映纺织与人类社会之间的复杂关系，纺织不仅满足服用的需求，而且在本质上改变了人的衣着状况，同时，还渗透在人类物质生活与精神生活的方方面面。纺织品作为物化的精神产品，反映了人们的思想观念与情感需求，是民俗的重要组成部分，并在文学、艺术及其他领域留下了深深的痕迹，可见纺织对人类文明的贡献。

一、纺织与汉字词汇

语文词汇是随着社会实践，特别是生产实践的发展而发展的，它往往反映在它初次出现之前久已普遍存在的社会现实。[1]汉语中有大量的与古代纺织实践相关的字与词，我们日常用语中有10%以上的文字都与纺织有关。

早在殷商甲骨文中，与纺织相关的文字就已经有100多个，这也充分说明了纺织元素在中国存在的年代之久，及其在人们生活中的重要作用。而甲骨文中也有不少涉及蚕桑的字和卜辞，甲骨文中以生长着许多柔软细枝的

---

[1] 孟宪文，班中考. 中国纺织文化概论[M]. 北京：中国纺织出版社，2000.

树形来表示桑树（图1-9）。汉字中"糸"旁、"衣"旁、"巾"旁的文字，溯源都与纺织有关。例如，"纸"源于古代记录文字的丝帛。陆游"忆昔东都有事宜，夜传帛诏起西师。"表明原先的诏书是写在帛上的，后来的"纸"，也就从了"糸"旁。

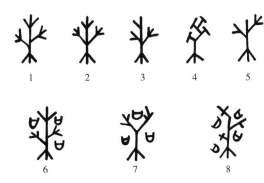

图1-9　甲骨文的"桑"字
（6~8口字形的刻画，像是采桑筐）

图1-10　"糸"字旁的演变

上海书店出版社1985年版《康熙字典》中，有超过500的"糸"旁汉字，商务印书馆1978年版《现代汉语词典》中有183个"糸"旁汉字（糸字旁的演变如图1-10所示），可见纺织对汉字的创造具有重要的推动作用。关于丝织的用字，《说文》也有许多记载："纺，网丝也。""织，作布帛之总名也。""纪，丝别也。""绝，断丝也。""继，续也。""续，连也。""经，织从丝也。""纬，织横丝也。"等等。

我们熟悉的很多词汇，也源于纺织。如"成绩""头绪""纠葛"源于纺麻；"组织""综合""纰漏"源于织造；"络""绕""紧""缩"源于缫丝、编结；"红""绿""紫""绛""绀"等源于丝帛的染色；"青出于蓝而胜于蓝""近朱者赤，近墨者黑"也源于丝绸的染色。还有很多与纺织有关的成语：雕文织采、拔葵去织、锦上添花、作茧自缚、断织劝学、回文织锦、游人如织、罗织罪名、心织笔耕、织楚成门……

二、纺织与文学

纺织与文学也有着很深的渊源。把文学作为纺织文化的载体，记录、传播纺织文化，抒发纺织情怀。神话传说、民间歌谣谚语、诗词歌赋等有关纺织的内容不胜枚举。在这些文学作品中，记录了纺织的历史、纺织的生活状态，以及衣着服饰。纺织丰富了文学的内容与素材，文学为纺织提供了记录传播的渠道。几乎每个朝代的文学作品都有关于纺、织、染、绣的内容。

（一）有关纺织的神话故事

有关纺织的起源，民间故事中有流传。传说伏羲"化桑蚕为丝帛"；嫘祖"以其始蚕，故又祀先蚕"。《通鉴外记》："西陵氏之女，为黄帝之妃，始教民养蚕，治丝茧以供衣服，后世祀为先蚕"。

牛郎织女的传说故事，文献记载有各种版本，但都反映了农业社会男耕女织的生产模式，织女"天帝之子也，年年织杼劳役，织成云锦天衣"（《荆楚岁时记》），是民间公认的纺织能手。

（二）有关纺织的民谣与诗词

最早的诗歌作品《诗经》中有相当多的描写与采桑养蚕种麻有关。如《国风·豳风·东山》："蜎蜎者蠋，烝在桑野"；《国风·豳风·七月》："春日载阳，有鸣仓庚。女执懿筐，遵彼微行，爰求柔桑"；《国风·王风·采葛》："彼采葛兮，一日不见，如三月兮"；《国风·魏风·十亩之间》："十亩之间兮，桑者闲闲兮，行与子还兮"。唐代元稹《织妇词》："织妇何太忙，蚕妇三卧行欲老……缲丝织帛犹努力，变缉撩机苦难织，东家白头双儿女，为解挑纹嫁不得"；宋代翁卷《乡村四月》："绿边山原白满川，子规声里雨如烟。乡村四月闲人少，才了蚕桑又插田。"可见有关纺织的农事是生活中多么重要的部分。

有关纺织服装的诗词更是不胜枚举：古乐府《孔雀东南飞》："妾有绣腰襦，葳蕤自生光"；东汉蔡邕《青衣赋》："绮绣丹裳，蹑蹈丝扉"；东汉王粲《神女赋》："袭罗绮之黼衣，曳缛绣之华裳"；唐代李白《赠裴司马》："翡翠黄金缕，绣成歌舞衣"；唐代白居易《秦中吟十首·议婚》："红楼富家女，金缕绣罗襦"；等等。

三、纺织与艺术

纺织是一种技术活动，从纺纱、纺线到编织或织造成各种形式的纺织品，需要经过一系列的工序，制成的纱线、织物、毛毡、成品等被统称为纺织品，所以纺织品是纺织技术活动的结果。

自文明开始以来，纺织品一直是人类生活的基本组成部分，而且随着社会生活的不断变化与发展，纺织品的使用方法和材料也在不断扩展，同时纺织品的功能也在发生变化。艺术是满足人类精神需求的，它美化人们的生活，丰富人们的精神世界。艺术的另一个方面是需要技术的支撑才能得以实现。

纺织与艺术的结合，不同的侧重方向有不同的结果。把艺术审美融入纺织品，可以美化实用的纺织品，使其满足实用的同时还能满足精神上的需要，比如依附于纺织品上的纹样，没有实用性，却不可或缺；将纺织技术用于艺术创作，可以创造纺织艺术品，比如丝毯织造技艺制作的壁挂艺术品。因此，纺织艺术（Textile Arts）的概念包含了两方面内容，即使用植物、动物或合成纤维制作的实用手工艺品或装饰艺术品。纺织艺术还包括用于美化或装饰纺织品的技术——染色、印花、刺绣、编织等技艺。

纺织对艺术的贡献，一方面是纺织技术成为艺术的一种表现手段。例如，从民间刺绣发展而来的刺绣艺术（如双面绣、仿真绣、发绣、彩锦绣等）；通经断纬的织造工艺成就的缂丝艺术；还有织锦艺术、夏布绣、民间布艺等。另一方面是纺织生产为艺术创作提供的素材。艺术作品中对纺织生产场面的表现并不鲜见，如唐代张萱的《捣练图》《倦绣图》，南宋楼璹的《耕织图》等，还有近代的很多风俗画中都有表现。

纺织是一种生产劳动，纺织品是生活的必需品，民间纺织在满足生活日用所需的同时，技术上精益求精，使技术美得以升华，尤其在现代工业生产高度发展的历史背景下，手工技术不再单纯服务于实用的需要，并逐渐发展成为独立的艺术表现形式。纺织的技术作为艺术创作手段在现代艺术领域里已有了一席之地。例如，传统的刺绣、拼布技艺发展成了脱离实用的刺绣艺术、拼布艺术。

值得一提的是现代以纤维作为材料的纤维艺术（Fiber Art），它与纺织材料密不可分，有天然的棉、麻、丝、毛纤维材料，如来自棉花荚的棉花，来自亚麻茎的亚麻，来自绵羊毛的羊毛或来自蚕茧的丝；也有如塑料丙烯酸等的合成纤维材料。它侧重于艺术家在艺术的创作中对纤维材料的理解与运用，依托传统的纺织技术来实现现代艺术观念的视觉化，不再以实用为目的。传统的手工织造技术与艺术的融合是现代艺术的需要，同时也是手工织造技术传承与创新的出路之一。

四、纺织与民俗

民俗是指民间习俗——民间流行的风尚、习俗，是一种世代相传的，较为稳定的文化现象。中国古代长期以来的小农经济——世代农业与手工业结合的耕织生产方式，是为了达到"丰衣足食"的目的，纺织成为生活的重要

部分，并形成了围绕纺织的各种民间习俗。这种民俗因地域的不同而引起形式与内容的不同。2009年9月，"中国蚕桑丝织"项目被联合国教科文组织列入"人类非物质文化遗产代表作名录"。这一遗产包括了栽桑、养蚕、缫丝、染色和丝织等整个的生产技艺、产品，以及由此衍生出来的各种民俗活动。

（一）生产习俗

种桑、养蚕、种麻、种棉、提取染料的植物的种植，以及染料的提取都是有周期性、季节性的，人们努力地劳作，还要靠天时地利，所以通过长期的积累，逐步形成了一套生产风俗，通过一定的规范仪式、禁忌约束来祈求丰收。

据记载，黄帝轩辕氏元妃嫘祖被全国各地信奉为蚕神，商代已有祭蚕神。马头娘娘的故事，是关于蚕神的另一个传说。而松江地区，由于黄道婆在棉纺织上的突出贡献，也被民间塑像、祭祀。河北魏县民间纺织的保护神是织布公，据说是女性，春节时供奉；浙江地区祭蚕神的活动则是在清明期间。各地祭祀的蚕神与祭祀的时间各有不同，但供奉祭祀的习俗流传至今，其目的在于感恩与祈福，祈求生产中的风调雨顺。

我国养蚕有一套完整的饲养技艺，也有完善的蚕事习俗，尤其是在江南地区。嘉庆年间的《余杭县志》："遇蚕月，邻里水火不相借。谚云'闭蚕门'。至蚕熟成茧，始相慰问。"《湖州府志·蚕桑上》："蚕时多禁忌，虽比户不相往来"。南浔地区养蚕期间忌外人进蚕房，忌说对养蚕不利的话，养小蚕是要用桃花纸糊门窗的缝隙，要贴剪纸"蚕猫"防止鼠害等。

纺织生产，民间也有禁忌，如魏县土布的织造，民间讲究必须在一个月内完成，忌讳隔月。当布快织完准备络机时，必须一口气织完，不能下机，不能换人，否则死后合不拢嘴。❶

（二）传统岁时习俗

中国过去的历法称为"夏历""阴历"或"农历"。古代月亮被称为"太阴"，以月亮圆缺的一个周期纪年的历法叫阴历，阴历平年有12个月，闰年有13个月；一年有四季，分二十四个节气，每个节气有不同的农事活动，所以又称农历。所谓"岁时节令"都与气候变化、农事活动相关联，而纺织的最初始阶段的生产便是农事，下面列举一些与纺织生产有关的岁时习俗。

---

❶ 李英华，霍连文.魏县织染 [M].北京：科学出版社，2010.

春节，农历元月初一，一年的开始，是最隆重的传统节日，也历时最长，内容最多。从腊月二十三"小年"开始，经过正月十五"元宵节"，到二月二"龙抬头"，春节的活动基本圆满结束，过了二月二农事活动就将全面展开。春节期间，人们不用劳作，新年的新衣是早早就准备好的，大家都穿得鲜艳亮丽且隆重，春节期间也是一年中吃得最丰盛，玩得最尽兴的阶段。

清明节与纺织有关的活动是祭蚕神，举办蚕花庙会。浙江桐乡地区的桑蚕习俗颇具特色，已发展成清明节期间的盛大民俗活动——含山轧蚕花、洲泉镇双庙渚蚕花盛会，祭蚕神、祈丰收是活动的主题（图1-11）。含山轧蚕花的活动以含山为中心，附近蚕农清明集聚于此，以背蚕种包、上山踏青、买卖蚕花、带蚕花、祭蚕神等为主要内容。双庙渚蚕花盛会在水上举行，俗称"蚕花水会"，清明期间将蚕神请出庙来，进行祭拜，并在双庙渚到芝村一带的河港中表演各种节目，祭蚕神祈丰收。水会上民间艺术、水上竞技、风俗表演一应俱全。2008年6月，由桐乡市、德清县共同申报的非物质文化遗产项目——蚕桑习俗（编号1002x95）被列入第二批国家级非物质文化遗产。"中国蚕桑丝织"项目中民俗部分的纪录片就是在洲泉镇拍摄的。2009年上半年，桐乡市被浙江省文化厅列为传统节日保护地。❶。

图1-11　桐乡双庙渚蚕花会

乌镇一带也有类似的蚕花会。当地居民每逢清明，都要设祭斋蚕神，还有"高杆船"的表演活动，高杆船俗称"蚕花船"，船上有大石臼，上面插一根毛竹，毛竹好比蚕花竹，有身着白色服装的表演者在竹梢上模仿蚕吐丝的

---

❶ 盛羽. 土色生香：桐乡彩色拷花工艺研究[M]. 北京：五洲传播出版社，2012.

各种动态，以此祈求蚕茧丰收。

五月五，端午节，家家门上要挂菖蒲、艾叶、蒿草，有的地方还插桃枝，以避灾疫；还要吃粽子、喝雄黄酒、赛龙舟等。端午节由来已久，是防病驱毒，保障健康的民俗节日，也是妇女编织绣技艺显身手的好时节。端午节人们要带刺绣香袋、编织香袋，香袋里装的是芳香的中草药，有驱虫毒的功效，儿童穿的刺绣五毒肚兜，寄予的是以毒攻毒的美好愿望。这些精心制作的香袋、肚兜是节日中不可缺少的精神寄托之物，同时也能满足生活的实用之需。

六月六，在民间是个小节日，各地的活动也不同。"六月六晒红绿"是江苏、上海等梅雨地区的风俗，六月六，正值伏天，烈日当空，要把家里的衣服被子拿出来在太阳下"晒伏"，去霉气，所以有"六月六晒衣物，不怕虫咬不怕蛀"的说法。总之是为了纺织织物更好地保存，使用的时间更久。

七月七，民间传说牛郎织女的鹊桥相会的日子。南北朝任昉《述异记》记载："大河之东，有美女丽人，乃天帝之子，机杼女工，年年劳役，织成云雾绢缣之衣。"在民间，织女是纺织劳动的能手。因此，七月七后来成为乞巧的节日，祈求织女纺织的技巧，祈求婚姻巧配，所以民间七夕节又叫"乞巧节""女儿节"。各地在这个节日里有很多活动，是女子参与最为踊跃、参与度最高的节日，从宫廷后妃、才女闺秀，到乡野村姑都积极参与。女儿家在晚上要供瓜果拜求女红技巧。宋代孟元老《东京梦华录·卷八》描写"七月七夕，……铺陈磨喝乐、花瓜、酒炙、笔砚、针线，或儿童裁诗，女郎呈巧，焚香列拜。谓之'乞巧'。妇女望月穿针，或以小蜘蛛安合子内，次日看之，若网圆正，谓之'得巧'。"很多地方志民俗中也有记载，如"昔日桐城女子常于傍晚围坐桂花树下，一手拿针，一手勾线，仰视长空。待天空云朵在落日余晖里呈现斑斓色彩的瞬间，穿针引线，谓之乞巧。先穿进针线者，为女红能手……。"❶由此可见民间女子对女红"巧"的重视，所以心灵手巧是对女子的最好赞誉。

现在广州民间七夕节已发展成了盛大的文化节，活动更是丰富多样。2017年的广州乞巧文化节在天河珠村举办，主要活动有文化惠民演出、传统七夕民俗活动、赛巧会、乞巧体验、七巧集市，历时一周。民间自发的活动也演变成有组织的集体活动。

---

❶ 桐城市地方志编纂委员会. 桐城市志[M]. 合肥：黄山书社，2012.

九月九是重阳节，民间的老人节，也是染坊祭祀葛仙翁的日子。葛洪是晋代炼丹家，也是民间供奉的染布缸神——葛仙翁，有关他的传说版本较多，其中有一个版本与重阳节有关。大意是讲过去有个皇帝，要用服装的色彩区分贵贱，规定皇帝穿黄袍，大臣穿红袍，百姓穿青衣蓝袍，并张榜招募能染这三色的能人。有梅仙翁种植蓝草，葛仙翁发明了蓝草沤靛染青的技艺，在重阳节那天揭了染蓝的皇榜。当皇帝看到白布放进染缸后，变成了黄色，大怒，以欺君之罪立斩了葛仙翁。待到布出缸之后，布的颜色慢慢由黄变绿，再由绿变蓝，皇帝后悔莫及。于是封梅、葛二仙为"染布缸神"（图1-12），九月九也成了纪念葛仙翁的日子。过去山东平邑染坊，每年九月九都要举行隆重的祭祀活动，江苏南通地区民间也有类似的民俗活动。民间供奉葛仙翁，主要还是祈求保佑染布的过程中"靛鬼子"不要来作怪，以免染料变质，影响染布的效果。

图1-12　染布缸神民俗画

（三）人生礼仪习俗

虽然各地的风俗习惯不同，但与纺织的渊源是同样的深远。人的成长，从出生到满月、百天、周岁、成人、婚丧嫁娶的各个阶段，无不与纺织联系在一起。这种联系不受时间的限制，甚至是跨越时空的。

人赤条条来到这个世界，接受的第一个礼物就是被布帛包裹起来，然后穿毛衫（不拷边的毛边婴儿服）、百家衣、虎头鞋，戴虎头帽。这些衣帽都是有说法的，百家衣是左邻右舍的碎布拼接制作而成，代表着家家户户对新生儿的祝福；虎头鞋、虎头帽是希望小孩长得虎头虎脑，健康结实。

结婚时的婚服嫁衣、聘礼陪嫁，更离不开纺织品，离不开染、织、绣的工艺，而且品种繁多。民间服饰中，尤以婚嫁礼服最为精美，即便是现代，广州仍然流行婚嫁时穿着盘金裙褂。围绕婚嫁的聘礼陪嫁中纺织用品也是丰富多彩。《山东省志·民俗志》记载"潍坊风俗，新娘三日回门，要把自己做姑娘时绣制的扇囊、荷包、针扎、钱袋等小件饰物带回婆家分送给小叔、小姑等亲人，俗称'看针线'""民间婚俗中的刺绣品，还有褥面、被单、枕套、帐沿、喜屏、镜挡、桌围、门帘、迎亲仪仗行列中的花轿衣、花轿帘、裙子灯、莲子灯饰件。"❶再如"由于桐乡是蚕乡，因此陪嫁中除了各地都有的一些常见的传统嫁妆以外，还有很多丝绸产品。由于农村有厚嫁的习俗，嫁妆中一般都有50～60条的被子，……其中采用彩色拷花等传统染色方法制作的被子有8条左右。"❷

婚嫁习俗中的纺织品在质地、款式、色彩和图案上都有特别的要求，如龙凤呈祥、凤戏牡丹、麒麟送子、瓜瓞绵绵等的吉祥图案是必不可少的。南通海门地区有一种独特的民俗文化，男子在结婚的时候要贴身穿一条紫花布的裤子，"紫"与"子"同音，"花"是"多"的意思，寓意多子多孙。❸

民间的祝寿，纺织品也是必不可少的贺礼，这个场合的纺织品上就要有五福捧寿、松、鹤、桃等寓意长寿的吉祥图案。

人离开这个世界要穿寿衣，后人还要为他披麻戴孝。在这里，纺织品寄寓了祝愿、期望、避讳等情感因素。人到了阴间，阳上的人在十月初一寒衣节还要给他焚烧冥衣，让他在那边也能有衣御寒，这份温暖也是离不开纺织品的，这是怎样的一种牵挂！服装除了满足蔽体保暖的需求，它更多承载的是精神上的需求。

人类生活离不开"衣、食、住、行"，"衣"是排第一位的。"衣"又离不开纺织，再由纺织衍生出的染、绣等工艺，不仅满足人们的生活需求，也满足人们不断提升的精神需求，成为民族民俗、社会经济、文化艺术的重要部分。

❶ 山东省地方志编纂委员会. 山东省志·民俗志[M]. 济南：山东人民出版社，1996.
❷ 盛羽. 土色生香：桐乡彩色拷花工艺研究[M]. 北京：五洲传播出版社，2012.
❸ 海门日报社. 民俗海门[M]. 南京：凤凰出版社，2011.

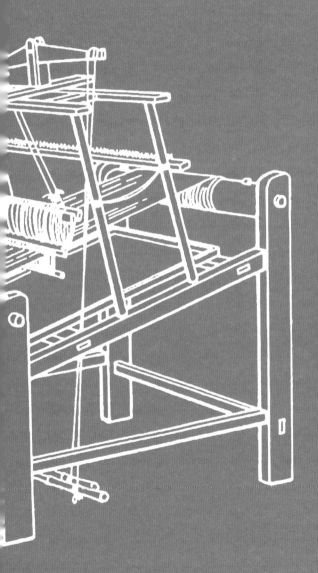

第二章

汉族民间纺织技术与纺织品

汉族民间的纺织技术主要是指以家庭生产为主的手工纺织技术，主要包括纺与织两部分。纺是指从纤维原料到纱线的制作技术，因原料的不同，纱线的制作工序与运用的工具设备也不同；织是纺的后一道工序，是指将纱线布置在织机上，通过不同的经纬交织方式，使纱线成为各种组织结构面料的制作技术。

第一节　纺纱工艺与手工机器

我国民间纺纱工艺经历了原始社会的手工搓合、劈绩到利用原始纺轮进行纺纱，至手工机器时期开始出现纺车纺纱技术，之后又发展出了手摇单锭纺车、手摇多锭纺车、脚踏纺车、大纺车等不同类型的手工纺车机器。手工纺车的发明不仅提高了纺纱的效率，还使纱线的细度更细、质量更高。手工纺车是中国古代劳动人民在长期艰苦劳作中取得的重大发明和创造。

我国早期对野生麻、葛等天然植物纤维的加工是从简单的手工搓捻和劈绩开始的，后来逐渐发展至使用以纺轮为主的纺纱工具进行纺制纱线，其历史可以追溯到旧石器时代。山西大同许家窑出土的十万年前的打制石球，经研究认为是当时古人狩猎时使用的"投石索"（图2-1）。可以推测许家窑人在当时就已经掌握了对植物纤维进行简单搓捻加工的技术，并有意识地利用植物纤维制作绳索。进入新石器时代之后，随着社会生产力以及纺织技术的进一步发展，出现了纺纱工具——纺轮。纺轮是利用其自重和连续旋转而工作的纺织工具，一般由两部分组成，一是可以提供重量的任意物品，如常见的木棍、骨头、石头等；二是垂直于上述物品的木棒，目的是便于绕纱。在我国各新石器时代遗址中均发现大批的石质或陶制的纺轮（图2-2），如河姆渡遗址（距今6000多年）经过两次发掘分别出土了纺轮、经轴、分经木、绕纱棍、机刀、梭形器等原始纺织工具，同时还出土了植物韧皮制成的线和一段搓合而成的草绳，这表明生活在距今6000多年的河姆渡人已经掌握包括葛、

图2-1　投石索狩猎图

图2-2　浙江余姚河姆渡遗址出土的
纺轮（距今6000多年）

麻等植物在内的粗纤维的纱线纺制技术。

　　纺车纺纱技术在商周时期出现。从技术上讲，纺车是一种专用于将纤维材料不断接续并加捻，以形成具有一定长度的纱线的机械装置，其出现可以弥补纺坠的加捻效率低下以及捻度不够均匀等缺陷。在我国众多战国墓中出土了许多强捻丝线，如马山一号战国楚墓中发现了捻度高达1000～3500捻/米的丝线，利用纺轮是不可能加工出捻度如此之高、均匀的纱线的，因此推断在这一时期可能就已经利用了纺车一类的加捻机械。关于纺车的文献记载最早见于西汉扬雄的《方言》，记有"维车"和"道轨"。首锭纺车最早的图像见于山东临沂银雀、山西汉帛画和汉画像石。到目前为止，已经发现的有关纺织图不下八块，其中刻有纺车图的有四块。江苏铜山洪楼出土的画像石上面刻有几个形态生动的人物正在织布、纺纱和调丝操作的图像，展示了汉代纺织生产活动的情景。这就可以看出纺车在汉代已经成为普遍的纺纱工具。因此也不难推测，纺车的出现应该是比这早的。

　　原始纺车虽然早在商周时期已经出现，但直到汉代之后才在北方农村普遍使用。纺车经历了从手摇到脚踏（图2-3）、从单锭到多锭，最后到大纺车的演变（图2-4），并且借助自然水力作为动力。其中，手摇纺车据推测约出现在战国时期，也称轩车、纬车和维车。常见由木架、锭子、绳轮和手柄四部分组成，另有一种锭子装在绳轮上的手摇多锭纺车。手摇纺车的主要机构有锭子、绳轮和手柄。常见的手摇纺车是锭子在左，绳轮和手柄在右，中间用绳弦传动，称为卧式。另一种手摇纺车，则是把锭子安装在绳轮之上，也是用绳弦传动，称为立式。卧式由一人操作，而立式需要二人同时配合操作。因卧式更适合一家一户的农村副业之用，故一直沿袭流传至今。而脚踏纺车

图2-3　脚踏三锭纺车
（彭泽益．《中国近代手工业史资料
1840—1949》第一卷，读书·生活·新
知三联书店，1957年．）

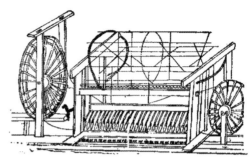

图2-4　大纺车
（王帧．《农书》，国家图书馆出版社，2013年．）

约出现在东晋，结构由纺纱机构和脚踏部分组成，纺纱机构与手摇纺车相似，脚踏机构由曲柄、踏杆、凸钉等机件组成，踏杆通过曲柄带动绳轮和锭子转动，完成加捻牵伸工作。脚踏纺车是在手摇纺车的基础上发展起来的，采用连杆和曲柄将脚的往复运动转变成圆周运动，以代替手摇绳轮转动。北宋后出现大纺车，结构由加捻卷绕、传动和原动三部分组成，原动机构是一个和手摇纺车绳轮相似的大圆轮，轮轴装有曲柄，需专人用双手来摇动。

　　依据考证，脚踏纺车、大纺车多见于南方地区，常用于纺丝，且较手摇纺车出现较晚，但结构更先进，生产效率大为提高。而出现时间最早、使用范围最广泛、操作最简便的手摇纺车则最具代表性，被广泛使用于民间乡村，一直到近代。

第二节　织机与织物组织

一、民间织机

　　在汉语语境中，"机"字不仅指织机，并且还指机智以及智慧。织机是利用数学思维和机械技术的发明创造，因此研究织机及纺织品织造成为了解人类思维进化过程的关键。我国汉族人民曾创造出绝妙的织机技术，尤其是提花织机的发明，对全球纺织技术与文明做出了不可磨灭的贡献。

我国汉族民间织机大致经历了原始的编织与挑花棒结合、原始腰机、腰机、踏板织机、低花本提花机、束综提花机，后又发展出小花楼织机、大花楼织机、绒织机等较为复杂的织机，实现了织物纹样从无到有、从简单到复杂，织物的图案单元也变得越来越大，这完全依赖于织机系统的不断完善。现将我国织机的类型及相关内容分别详述如下。

（一）原始腰机

中国最早期的织机大多为原始腰机，如图2-5所示，使用原始腰机织造织物时，织工是席地而坐的，以自己的身体作为机架，以双脚撑住经轴棍，腰上缚着卷布轴，使用分经棒形成梭口，再投入缠有纬线的梭子，打紧纬线，最终形成织物。

图2-5　原始腰机

我国多个新石器时代遗址，如浙江余姚田螺山遗址、浙江杭州反山良渚文化墓地出土原始腰机的织机部件，也可证实原始腰机在我国出现的历史已经有6000多年之久。更为复杂的原始腰机在安阳殷墟和李家山台西村以及福建崇安、江西贵溪周墓中均有发现。此外，云南石寨山出土的汉代青铜贮贝器盖上也有使用原始腰机织造的场景图像。

（二）踏板织机

踏板织机是带有脚踏提综开口装置的织机的统称。它将原始腰机中的手提综片开口改为脚踏式提综开口，方便织工解放出双手来专门进行投梭打纬，这大大提高了整个织造过程的效率。踏板织机最先出现在中国，大约在春秋战国时期已经出现，但是历史上真正的图像却是在东汉时期的汉石画中发现的。踏板织机是华夏民族引以为傲的伟大发明，后来经由"丝绸之路"逐渐传到中亚、西亚和欧洲各国。

踏板织机有多种形制，如双蹑单综机、单蹑单综机、双蹑双综机、多综多蹑等，每个形制的踏板织机又分为具体的织机，如斜式踏板织机、卧式踏板织机、立式踏板织机等，可以织造包括平纹、斜纹、缎纹及变化组织在内的组织及花纹。通常是利用一蹑（脚踏板）控制一综（提起经线的装置）来织造花纹，如两片综框只能织出平纹，3~4片综框能织出斜纹，5片以上的综框能织出缎纹组织。因此，要想织出花型循环较大、复杂的纹样，必须要将经纱分成更多组，多综多蹑机逐步形成。在汉族民间，使用较多的为斜织机及卧机，而立式织机多用来织造少数民族毛毯、挂毯等毛织物。

1.斜式踏板织机

斜织机采用脚踏板（蹑）进行提综开口这一工序，是踏板织机中成形最早也是机械构造较为简单的一类织机。斜织机主要用来织造平纹类素织物，其整经后形成的平面与水平机座之间的夹角在50°~60°，经轴与卷轴能将经纱绷紧使得经纱张力比原始腰机更均匀，从而获得平整丰满的布面。同时，织工应该可以坐着操作，并且能清楚地看到开口后经面是否平整、经纱有无断头等问题，非常省力。

图2-6　釉陶微型斜织机模型（法国吉美博物馆收藏）

汉代斜织机的制作及具体使用方式现已失传，此前中国丝绸博物馆复原的踏板斜织机是在大量汉代纺织画像石中的图像，以及法国纺织史学者里布夫人收藏的一台汉代釉陶微型斜织机模型（图2-6）等资料的基础上制作而成的。

2.卧式踏板织机

卧式踏板织机，简称卧机，是中国古代踏板织机中的一种重要类型（图2-7）。其基本特征是机身倾斜，单综单蹑，依靠腰部来控制张力。卧机由原始腰机经梯架式织机演变而来，至汉代已见应用，到元明时期则遍于全国各地。卧机还在汉魏时期传入东亚地区，对周边国家的纺织业发展做出了较大的贡献。

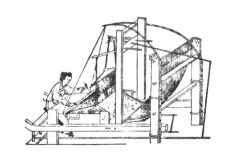

图2-7 织布机

（王帧.《农书》，国家图书馆出版社，2013年.）

（三）花楼织机

当纹样变得越来越复杂，花型循环很大时，综蹑过多导致织造起来十分烦琐。为了使织机能够反复织造比较复杂的花纹，古人发明了以综片以及花本来贮存纹样信息，以此形成多综式织机和束综花本提花机，后者又被称为花楼织机、高花本织机，具体又包括小花楼织机和大花楼织机。花楼织机的基本原理是将提花规律保存在与综眼相连接的综线上，然后利用提花规律来控制提花程序。可以说花楼织机是我国古代丝绸织造技术最高成就的代表。

使用花楼织机进行织造时，一般由两人配合进行操作：其中一人坐在花楼之上（古时称挽花工），口唱手拉，按提花纹样逐一提综开口，另一人（古时称织花工）脚踏地综，投梭打纬（图2-8）。这样，花纹的纬线循环可以大大增加，花样也可扩至很大，且更为丰富多彩。唐代前以多综多蹑机居多，而唐以后束综提花机大为普及。现在云锦、蜀锦仍然用这种花楼机，由人工操作织造而成（图2-9）。

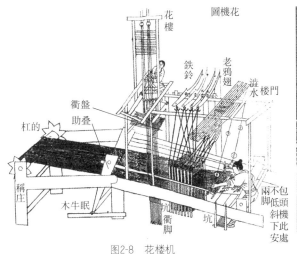

图2-8 花楼机

（宋应星.《天工开物》，上海古籍出版社，2008年.）

图2-9 蜀江锦院的花楼机

图2-10 清末绘画中的割剧绒
（法国国家图书馆藏）

（四）绒织机

清代开始真正流行绒织物（图2-10）。织造绒织物的绒织机与一般织机有较大的相同之处，但由于绒织物的经线有起绒经和地经的区别，因此绒织机具有一些其他织机所不具备的起绒杆和送经装置，起绒杆通常由细铁丝或细竹串制成。起绒杆使织物形成绒圈，它先以假织的形式被织入织物，然后抽出形成绒圈，或经割绒后取出形成绒毛。绒织机的送经装置采用双经轴或在织机后排放塔形筒子架，架上安置层层筒子，每根绒经都由筒子直接引出，这样每根绒经需多少均可随意。其中，漳绒织机又称为花绒机，是中国古代花楼织机中机械功能最完善、机构最合理、技术工艺最成熟的大花楼织机，为多品种提花绒织机。

（五）罗织机

罗织机是古代用来织绞经罗织物的织机，即罗织机。罗织物均为绞经织物，主要通过罗织机的开口次序和织造工艺的改变来形成不同的绞经效果。其实，在普通织机上使用特殊的起绞装置就可变为罗织机。罗织机的起源可上溯至商代，共分为两种：一种专织有固定绞组的罗，另一种专织无固定绞组的罗。罗织机与其他织机相比，还有一个特别之处，是其打纬工具仍然用较为古老的打纬刀，而不使用筘打纬，这是由罗织物的组织结构所致。如果罗需要提花，除用挑花织制之外，也可在罗机上装上提花装置。

古代有关罗织机的资料很少，现仅见于元人薛景石所著的《梓人遗制》。值得庆幸的是，《梓人遗制》所载甚详，不仅留下了这种罗织机的具体形制，还简明地讲述了各种机件的制作方法，装配尺寸和安装部位，使我们今天得以了解它的全貌。薛书所记罗织机是由机身、豁丝木、"鸦儿"（操纵综片的悬臂）、大泛扇子（综片）、卷轴、"滕子"（经轴，原图只画一根，可能有两根经轴，因绞经消耗不多，不便与地经同缠于一轴）、脚竹（脚踏传动杆，原书未记）等主要机件组成。这种罗机没有竹箝，也没有梭子，用斫刀投杼兼打纬。斫刀长二尺八寸（约93厘米），背部有三直槽，其内装杼子，旁有小孔，可以引纬。这种罗织机由于一直沿用打纬刀打纬，不采用竹箝，织造时效率较低，因而在明代之后和四经绞罗一起逐渐失传了[1]。

（六）缂丝机

缂丝，又称刻丝。古代织造缂丝的机械设备相对简单，一般采用两片踏杆的水平式平纹织机即可织造（图2-11）。正如宋代庄绰在《鸡肋篇》中所描述的一样"定州织刻丝，不用大机，以熟色丝经于木铮之上，随所欲作花草禽兽状。以小梭织纬时，先留其处，方以杂色线缀于经线之上，合以成

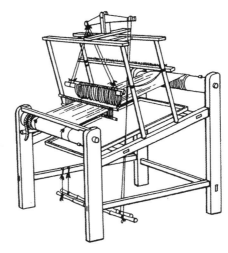

图2-11　缂丝织机

文。若不相连，承空视之，如雕镂之象，故名刻丝。"传世的缂丝织机，利用二片综开口，缂织前先将画稿放于经纱之下，织工用毛笔将纹样的轮廓描于经纱上面，再使用带有不同色彩纬纱的小梭子按照花纹轮廓进行织制，其特点是"细经粗纬，白经彩纬，直经曲纬"。

然而，随着时间的流逝和生活方式的变迁，机器的量产代替了传统手工。特别是汉族民间，原本靠纺线织布为生计的人们渐渐都转了行，传统木织机也逐步淡出了视线，成为"老古董"。

现今部分汉族民间地区使用的手工木织机一般为古代踏板织机的现代改良版，如图2-12、图2-13所示，具体又可分为双蹑双综机、多综多蹑机等不同类型，前者可织平纹及变化平纹等基础组织，后者可任意织平纹、斜纹、缎纹及相应的变化组织。现在常见的各类土布，如山东鲁锦、崇明土布等都是运用最基础的双蹑双综土布木织机生产。

---

❶ 蔡欣，等.《梓人遗制》所载"罗机子"结构再研究[J]. 丝绸，2019，56（6）：105–113.

图2-12 现代改良的双蹑双综机

图2-13 现代改良的四综四蹑机

二、织物组织

纺织品的织造离不开织物组织的设计。织物的组织是指织物内经线与纬线有规律地交织，使织物表面形成有规律的织纹。织物的组织直接影响织物的外观风格与内在质量。织机的不同，从一定程度上决定了织物的组织结构。织机的发展有一个从简到繁的过程，所以，织物组织结构的发展也是由简到繁的。

从简单的组织到复杂的提花，织物组织也经历了一个漫长的发展过程。从织物组织变化上来讲，总体可以分为简单组织、复杂组织和大花纹组织。原组织是最基本的组织，其他组织都是在原组织的基础上变化而来的。这里只是对织物组织做一个简单的介绍，以便了解后面不同的织物品种。

（一）原组织

（1）平纹组织：平纹组织是由经线和纬线一上一下互相交织而成的织物组织（图2-14）。平纹组织的织物正反面外观相同，经纬的交织点最多。麻织物中的夏布、丝织物中的电力纺、棉织物中的平布等都是平纹组织。

平纹组织是最简单且最早出现的组织。新石器时代的陶器上就有平纹组织的印痕。平纹组织织物中的经、纬纱如采用不同原料、捻度❶、捻向❷、色泽、经纬密度等也可以产生不同的织物外观。

---

❶ 捻度：单位长度内，纱线捻成的圈数，捻度决定了纱线的强度。
❷ 捻向：纱线加捻的方向。

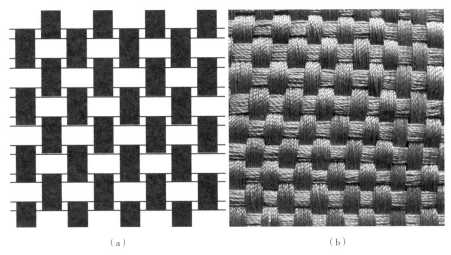

（a）　　　　　　　　　　　　　（b）

图2-14　平纹组织

（2）斜纹组织：斜纹组织是经组织点或纬组织点排列成斜线，织物表面呈现连续斜线织纹的织物组织（图2-15）。斜纹组织与平纹组织相比，具有较大的经（纬）浮长❶，经纬交织点也较平纹少，所以也不及平纹牢固，但斜纹组织的手感要柔软且光滑一些。我国在殷商时期就有斜纹织物了，如丝织物中的绮和绫就是用斜纹及其变化组织织造的。

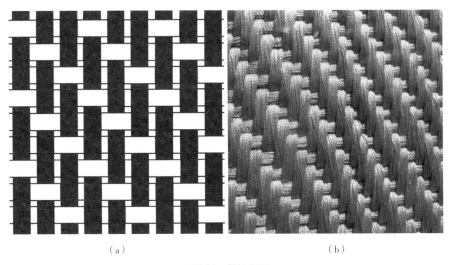

（a）　　　　　　　　　　　　　（b）

图2-15　斜纹组织

❶ 浮长：织物中相邻两个组织点之间的纱线长度。

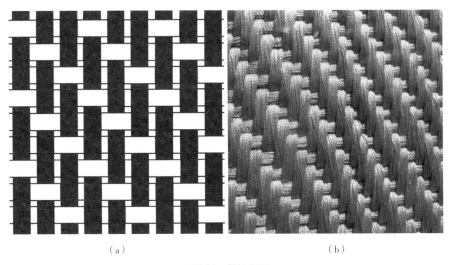

在斜纹组织的基础上，采用添加经、纬组织点，改变织纹斜向、飞数❶，可以演变出多种斜纹变化组织。

（3）缎纹组织：缎纹组织是单独的或不连续的经组织点或纬组织点有规律地均匀分布，不断循环的织物组织（图2-16）。缎纹组织是原组织中最晚出现的组织，也是最复杂的一种。缎纹组织中单独的组织点被两相邻的经线或者纬线的浮长线所覆盖，织物表面呈现经浮长线或纬浮长线，因此表面光泽润滑，美观度较强，缺点是容易刮丝。

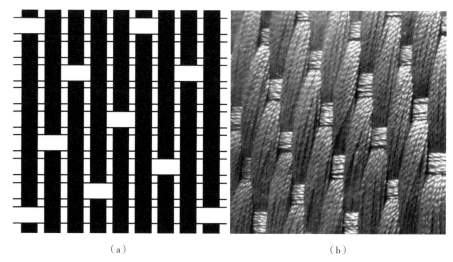

（a）　　　　　　　　　　　　（b）

图2-16　缎纹组织

在缎纹组织的基础上，可以通过延长经向或纬向组织点来构成重缎纹组织，也可以在经或纬组织点周围添加单个或多个组织点来构成强缎纹组织，还可以在组织循环内用不同的飞数构成缎纹变化组织。

在原组织的基础上可以通过改变组织点浮长、飞数、织纹方向等改变织物外观，有平纹变化组织、斜纹变化组织和缎纹变化组织三类。两种或两种以上的原组织按照一定方式联合可以形成联合组织。原组织的变化与原组织的联合可以形成各种小花纹组织，严格来说，小花纹组织与原组织都属于简单组织。

---

❶ 飞数：织物组织中，两相邻经或纬组织点之间相隔的纱线的根数。

（二）绞纱组织

绞纱组织，又称纱罗组织，由扭绞经线和平行的纬线交织形成。由于经纱扭绞处与纬纱间形成空隙，所以织物外观有网眼，且密度稳定（图2-17）。

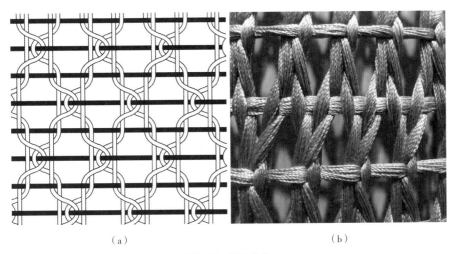

（a）　　　　　　　　　　　　　　（b）

图2-17　绞纱组织

（三）复杂组织

简单的组织由一个系统的经纱和一个系统的纬纱交织而成。复杂组织由经、纬纱中至少有一种为两个或两个以上的系统纱线组成。复杂组织中又有重组织、双层组织、灯芯绒组织等。复杂组织的设计可以加大织物的密度、厚度，可以实现双面花纹的效果。复杂组织的织物结构、织造和后加工都比较复杂。

（四）大花纹组织

大花纹组织也称提花组织，花纹比较复杂，组织循环大，一个组织循环的纱数可达数百根，在提花机上才能完成织造。可织出各种花、鸟、鱼、虫、山水、人物等美丽图案。大提花组织多以一种组织为地，以另一种或多种不同的组织在其上显现花纹图案，如平纹地、缎纹花；也可利用不同颜色的经纬纱使织物呈现彩色的大花纹。

各种组织的织物各有其外观特征。由于纱线的原料、捻度、支数、密度以及色彩等因素的不同，即便是相同的组织结构，织物的风格、手感可能都会不同，也因此形成了无数不同的丝绸、棉、麻织物品种。

第三节　民间丝织物

传统的丝织物是指以蚕丝为原材料的织物。资料证实，我国是世界上最早养蚕、缫丝、织绸的国家。在三千多年前商代的甲骨文中已有蚕、桑、丝、帛等文字的记载，并在之后相当长的时间内，中国都具有世界上最先进的丝织物织造技术。

一、传统缫丝与纺丝工艺

蚕丝是通过家蚕的蚕丝蛋白分泌物产生的，当蚕化蛹的时候，会把自己纺成一个茧，这个茧最终会变成一个蚕蛾。每个蚕或者蝶蛹分泌两条平行的丝素和一种快速凝固的黏性物质丝胶，丝胶将两条丝素粘合在一起成为一条单一的线。

当家蚕的幼虫准备离开茧的时候，通常在8~10天之后，将会释放一种特别的分泌物，这种分泌物可以溶解黏性物质丝胶，但是这种分泌物也会损害蚕丝丝素。因此不得不人工防止这种效应以使丝素在整个长度中不被分散。蚕蛹在沸腾的水中被杀死时，沸水也会溶解茧周围的丝胶层，故常用此法去除丝胶。蚕丝的末端可以使蚕丝能够被分开或者能被卷绕。一般最初得到的"硬的"蚕丝仍然是饱和的丝胶，丝胶使丝线相对干燥。当蚕丝仍然是纱线时，或者它被编织成丝绸织物之后，通过在温水中清洗，丝胶被去除（蚕丝"脱胶"）。此种方法较容易也较古老，清洗使蚕丝更柔软、更有光泽，但是如果蚕丝被染色，也会要求同样的程序，否则蚕丝染色将会不均匀。

（一）缫丝

将蚕茧抽出蚕丝的工艺概称缫丝。原始的缫丝方法是将蚕茧浸在热盆汤中，用手抽丝，卷绕于丝筐上。汉族劳动人民发明了养蚕缫丝、织绸刺绣的技术。传说黄帝之妻、西陵氏之女嫘祖，教民育蚕治丝茧，以供衣服。

缫丝是制作丝线的首要工序。具体来说，缫丝过程应包括索绪❶、集绪和

---

❶ 绪：绪表示每粒茧的茧丝头。

绕丝。根据所要织造的丝织物的规格要求，把若干粒蚕茧煮熟（图2-18），蚕茧在沸水中浸煮后部分丝胶溶解，茧丝离解，绪头浮出。然后用草茎、竹签等将若干根蚕茧的头绪扒捞出来，完成索绪。之后将一定数量的丝绪集中起来绕到绕丝架上，形成束绞，完成整个缲丝工序。

　　中国在原始社会已存在缲丝这一做法，如对野蚕茧和家蚕茧进行人工缲丝（图2-19）。原始的缲丝工具也非常简单，就是常见的盆、筐、小帚等。例如，在钱山漾新石器时代遗址中发现的两把小扫帚，用麻绳捆扎的草茎制成，据推测可能就是原始社会用于索绪的工具。商周时期，这一套缲丝工艺基本已经建立，形成了完整的体系。到周代，缲丝这一名词正式被记载。缲又作缫、绎，《说文·系部》："缫，绎茧为丝也。"至春秋战国时期，我国缲丝技术已经达到较高水平，秦汉之后进一步发展，主要表现为：（1）较好地掌握了缲丝的水温控制方法和水质保证措施；（2）缲丝工具普及了手摇缲车，并且发明出靠偏心横动导丝杆进行交叉卷绕使丝绞分层的机构。

图2-18　煮茧

图2-19　古代缲丝浴蚕图

（二）络、并、捻技术

　　缲丝工序对生丝的处理属于初步加工，需要经过络丝、并和捻等技术进一步加工才能进行后续的牵经、络纬等工序。缲丝后的丝呈绞状，在加工前首先要把它转绕到丝筒上，才便于加工成经线和纬线，这一步骤称为络丝（图2-20）。秦汉至唐多用手转籰子络丝，宋代以后则出现了绳拉单籰"扯铃"式络丝车。络丝这道工序的主

图2-20　古代缲丝络丝图

要目的是去除缫丝过程中的一些疵点（如粘连、断头等）。消除丝束上的瑕疵可提高后续各道工序的效率，以保证丝织物最终的质量。

并丝是指将两至三根或多根生丝通过加捻并合在一起的加工工艺，这种加工方式可以将丝线加工成不同规格的纱线，从而产生因不同粗细、不同捻度的经纬纱配合形成的不同风格的丝织物，增加了丝织物品种的多样性。

二、丝织品种

丝织物的品种名目繁多，文献记载的丝织物名称就有千百种。而且一直处在不断发展的过程中，总体来说是品种越来越丰富，每个时期又有不同，并且品种概念的范畴也有变化。根据赵丰在《中国丝绸艺术史》中的总结，丝绸品种的命名要素有色彩、图案、织造工艺、用途、组织、产地。其中特别重要的是组织与工艺的技术特征。因此本节根据丝织物的组织结构工艺的不同来介绍传统丝织品的主要类别。

中国古代织物中要数丝织物最为丰富且多变，在漫长的发展过程中，各类丝织品相继出现，如绢、罗、绮、纱、縠（hú）、纨（wán）、缟（gǎo）、绨（tí）、缣（jiān）、经锦、绫、绅、缦（màn）、素、纬锦、缂丝、缎、丝绒等（表2-1），并有了多分支的繁衍与发展。随着时间的推移，丝绸的生产也在不断进步、不断完善，呈现出一些比较复杂但却并非不可捉摸的发展脉络和演变规律。

表2-1　古代丝绸品种的释义及其出现时期

	品种	释义	出现时期
1	绢	古代平纹丝织品的通称	新石器时代
2	罗	采用绞经组织使经线形成明显绞转的丝织物	商
3	绮	平纹地起斜纹花的单经单纬的小花纹丝织物	商
4	纱	古代一种轻薄的平纹织物	周
5	縠	古代一种有绉纹的纱，表面有细致均匀波纹	周
6	纨	古代平纹丝织物的一种，质地紧密、细腻而富有光泽	周
7	缟	古时未经练染的本色精细生坯平纹织物	周
8	绨	古代一种粗厚光滑的平纹丝织品	周

	品种	释义	出现时期
9	缣	双经双纬的粗厚织物的古称	周
10	经锦	以经线显花、用彩色丝线以重组织织成的显花丝织物	周
11	绫	以斜纹组织为基本特征的丝织品，分为素绫和纹绫	汉
12	绌	由质地粗劣的蚕丝加纺而织成的质地粗厚的平纹丝织品	汉
13	缦	《说文》："缦，缯无文也"	汉
14	素	《说文》："素，白致缯也"	汉
15	纬锦	使用彩色纬线显花的提花丝织物	唐
16	缂丝	通过通经断（回）纬的方式制造的平纹或其他组织的丝织品	唐
17	缎	经纬丝中只有一种显现于织物表面形成的一种丝织物	宋
18	丝绒	割绒丝织物的统称	明

注 平纹及平纹变化组织：绢、纱、縠、缣、缟、纨、绌、缦；斜纹及斜纹变化组织：绮、绫；缎纹组织：缎；其他组织结构：罗、锦、缂丝、丝绒、缦。

各种类丝绸品种的详细释义如下。

（一）绢

平纹类织物也通称"绢"。其特点是没有花纹，由经、纬线一上一下相间交织而成，广泛意义上说也包括纱、绡、纨、缣、縠、纨等品种。绡，轻绡也叫轻纱，纱薄而疏。縠，縠纱有方孔。《汉书》："轻者为纱，绉者为縠"。纨，《释名》："纨，涣也，细泽有光涣焕然也。"湖南马王堆出土的西汉丝织物中就有大量的绢，色彩丰富，疏密程度各异。古代绢除了用于服装外，还有一个重要用途，就是用于书写文字，在纸发明之前的很长一段时间里，就是用绢来记录的。绢还可以用于绘画、制作扇面、制彩灯等。图2-21为织金奔兔绢。

图2-21　织金奔兔绢

（二）纱

"绢"是看起来没有明显孔隙的，如果织得很松散，可以看到明显的孔隙，就称为"纱"（图2-22），其中纱薄而疏者也称为"绡"，有方孔且绉者称为"縠"。由于后世也有绞经的纱，为了区分，这种一般就叫"平纹纱"或"假纱"。

一般认为纱是采用经纱扭绞形成均匀分布孔眼的平纹组织的丝织物。纱织物以轻薄透气、孔眼明显等风格特征而独树一帜，大致可以分为非绞经纱和绞经纱两大类。纱中最常见的为二经绞纱织物，其组织结构的特点为：相邻两根经线互相绞转而纬纱相互平行（图2-23）。从外观上看，绞纱织物有着均匀一致的孔眼。二经绞纱这一类织物在我国起源较早，在西安半坡新石器时代的陶碗底部就发现了二经相绞的织物痕迹。其后，自商代起每个朝代几乎都有关于纱织物的文献记载以及出土、传世实物存在。

此外，绞纱组织与平纹组织有变化地结合，可以形成带有暗花的单色纱品，如清代的芝地纱，晚清时期出现的泰西纱（一种绞纱、平纹、缎纹结合的纱类织物，形成的花纹非常美观）。纱具有薄而疏、透气性好的特点，是夏服的流行用料。陆游在《老学庵笔记》中形容"举之若无，载以为衣，真若烟雾"。

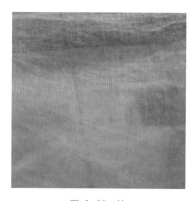

图2-22　纱

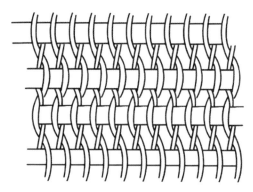

图2-23　二经绞纱组织结构图

（三）绉

古代称"縠"。《周礼》："轻者为纱，绉者为縠。"绉和纱都是平纹组织，绉使用强捻丝使织物收缩，根据加捻强度的不同，织物表面的起伏效果也不同；或者用绉组织，使织物表面形成凹凸的绉纹（图2-24）。清代著名的有湖绉，是湖州双林的地方特产，组织细密而有光泽。

（四）罗

采用条形绞经组织的透孔丝织物，其特点是用绞经方法。有方孔的叫纱罗，有花纹的叫花罗。长沙马王堆曾出土由花罗制成的香囊、手套、帷幔、衣服等。宋代黄升墓出土的"四合如意"花罗，质地轻薄。罗织物结构紧密有孔眼透气，所以适宜夏季穿用，且牢固而耐用。罗有横罗与直罗之分，横罗是在纬向形成连续的空路，直罗是指在经向形成连续的空路。根据提花与否，又可以分为素罗与花罗。传统的品种杭罗，因杭州地区产而得名，是横罗的代表产品。杭罗大部分是素罗，至今仍然是地方特色产品。

（五）绮

绮是一种单层提花织物（图2-25），它的名称出现较早，《楚辞》中就有"纂组绮绣"之句。到了两汉时期，平纹地暗花织物即被称为绮。《说文·十三上》曰："绮，文缯也"。元人戴侗解释说："织素为文曰绮"，即绮为一组经丝和一组纬丝相互交织的本色或素色提花织物，通常在平纹地上斜纹本色起花（斜纹地起斜纹花的少见）。绮这种丝织物最早见于商代出土物中，至汉代特别盛行，与锦、绣等被同列为有花纹的高级丝织品。《释名》："有杯文形，形似杯也，有长命其彩色相间，皆横终幅此之谓也。"绮是古代丝织品的主要品种之一，长沙马王堆就有几何菱纹绮出土。

图2-24 绉

（六）绫

绫是一种单层织物，即斜纹地上起斜纹花的织物。绫是在绮的基础上发展的，故它的名称出现比绮迟，约在魏晋时期开始流行。《释名》："绫，凌也。其文望之如冰凌之理也。"其种类有提花和不提花两大类。

汉代散花绫可与刺绣比美，是丝织品中花

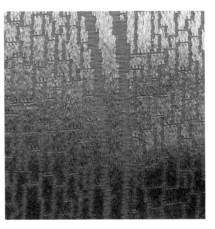

图2-25 绮

纹最多的。在三国马钧改良织机后，甚至可以织出"绮纹异变，阴阳无穷"的人物、动物纹。后来绫纹花袍成为达官显贵的服饰。唐代对官员服用绫纹衣做了规定，三品以上服紫色绌绫，五品以上服朱色绌绫，六品以上服黄色绫，七品以上服绿色龟甲文绫，九品以上服青色绫。绫的品种很多，缭绫是浙江的特产，唐代诗人白居易有《缭绫》咏之。元稹《阴山道》："越縠缭绫织一端，十匹素缣工未到。"白居易新乐府《缭绫》："缭绫织成费功绩，莫比寻常缯与帛。"可见其费时费工。

明清时期绫是主要民间丝织品种之一，有汴绫（开封）、白绫（镇江）等地方名品。由于绫具有光滑柔软、质地轻薄的特点，后来成为书画装裱的理想材料。

（七）绸

丝织物的大类，现又称"绸"，出现于西汉，指用粗丝和乱丝纺织成的平纹丝织物，所以绸"质地厚重，价格低廉，因而深受下层人民的喜爱。"❶后来也有了粗、细之分，有了花绸、平绸、绵绸等品种，都是采用基本组织和变化组织制成的质地紧密的中厚型丝织物。明清时期，绸成为丝织物的泛称，各地又有诸多绸类品种。清末文献中记载"绸，本丝织品之通称，惟今日此名多限于家蚕丝织成之绵绸、宁绸，野桑蚕织成之蚕绸。又名绢绸，或本机。绵绸产于浙江之嘉、湖，宁绸产于南京，今杭州、镇江均有。杭绸精致柔顺，且有光泽。蚕绸来自山东、奉天、热河、河南、陕西、四川、云南、贵州等省。山东绸，山西之潞绸、泽绸，河南之鲁山绸，均为野蚕丝织品"❷，可见绸的生产地区之广，几乎遍及全国，而且地方名品尤多。现代绸主要指质地精密结实的平纹丝织品，也把丝织品统称为丝绸。

（八）缎

全部或部分采用缎纹组织的丝织物（图2-26）。缎纹组织始于唐代，是织造技术的一次创新。缎分为无花纹的"素缎"和有花纹的"花缎"。缎组织经丝或者纬丝显现于织物表面，织物表面光亮、平滑均匀，适合织造复杂颜色的纹样，织出的花纹具有较强的立体感。缎织物的质地紧密，常用作外衣、礼服的面料（图2-27、图2-28）。地方上著名的缎织物有南京的元缎与宁缎、

❶ 范金民. 衣被天下：明清江南丝绸史研究[M]. 南京：江苏人民出版社，2016.
❷ 刘锦藻. 清朝续文献统考：卷三八五，实业八[M]. 杭州：浙江古籍出版社，2000.

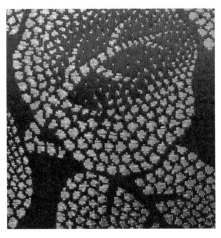

图2-26　缎　　　　　　　　　　　　　　　图2-27　古香缎

图2-28　织锦缎

苏州的苏缎、杭州的杭缎、广东的广缎与粤缎。广缎是一种花缎，色彩富丽，以满地小碎花为主，这种花缎类似于锦，也被称为"锦缎"。杭缎也是一种花缎，组织精巧，质地轻薄，色彩华丽。宁缎比较朴实，厚重而耐用。

　　缎织物是经纬线交叉，经纬线相隔得越远，那么交叉后露在表面的线就越长，看起来就越光滑，这就是"缎"看起来光亮柔滑的原因。

（九）锦

　　中国传统高级多彩提花丝织物，"织彩为文"，是最绚丽华美的一种传统丝织物。由于生产工艺复杂，织造难度大，所以在古代，锦也是最贵重的织物。汉代刘熙在《释名》中："锦，金也，作之用功重，其价如金，故惟尊者得服之。"锦以精炼染色的桑蚕丝为经纬原料，还常常使用各种金银线。锦的品种繁多，历代也有不同，织锦开始是平纹织锦，后来有了斜纹织锦，再之后才是缎纹织锦；先有重经组织经丝起花的经锦，后有重纬组织纬丝起花的纬锦。到了清代，逐渐形成了蜀锦、宋锦和云锦三大名锦。凡锦样都有寓意，通常是对美好生活的祈愿与祝福。

1.蜀锦

四川成都地区生产的丝织提花织物，四川古为蜀地，故称"蜀锦"。四川是中国丝绸文化的发祥地，桑蚕丝绸业的起源早，所以蜀锦也是织锦历史最悠久的，始于春秋战国时期，兴盛于汉唐，已有两千多年的历史。蜀锦多用染色的熟丝织成，用经线彩条起花，用几何图案组织和纹饰相结合的方法织成。图2-29为四川成都蜀江锦院的织锦。

图2-29　蜀锦

2.云锦

云锦产地南京，在清代得到前所未有的发展，也是清代开始被称为"云锦"（图2-30）。云锦与传统意义上的织锦有所不同，包括库缎、织锦、织金和妆花四类。南京的云锦以缎织物居多，妆花工艺技术的运用是一大特色。妆花是在传统的织锦工艺基础上，吸收缂丝通经断纬的技术，用缠着各种色线的小竹管通过挖梭织造的手法表现出花纹，并把各种彩色丝纬线织入锦缎的纹样

图2-30　云锦

中。❶云锦的图案构成比较严谨，色彩比较饱和艳丽，大量的金线使整体更加富丽。

3.宋锦

它是后世出现的一种仿宋代风格的织锦，清代称为"宋锦"，其生产工艺在苏州一直保留至今。❷宋锦图案主要模仿宋代的传统纹样，结构比较严谨，色彩讲究退晕，整体风格比较优雅，宋锦可以分为重锦、细锦和匣锦，一般都用于装饰（图2-31）。

图2-31　宋锦

（十）绒

绒是表面带有绒毛或绒圈的织物，表面起绒毛或绒圈的丝织物，色泽鲜艳光亮，是一种高级的丝织品（图2-32），也称"绒圈锦"。其组织结构、花纹都与经锦相同。织造时织入铁丝状的假衬纬，织好后抽出衬纬，形成绒圈。然后或剪或割成绒面。南宋有经线起绒的"绒背锦"和"茸纱"，元代有剪绒"怯锦里"，明代有"漳绒""建绒"，丝绒在中国历史悠久，湖南马王堆就出土过西汉的起毛锦，说明当时已有织制绒圈的提花工艺。

明清时期，绒类织物得到较大的发展。清代较为有名的是产于福建的漳缎、漳绒，是以缎和绒互为花地的提花丝织物。绒花缎地的称漳缎（图2-33），绒地缎花的称漳绒。

❶ 徐艺乙. 手工艺的文化与历史：与传统手工艺相关的思考与演讲及其他[M]. 上海：上海文化出版社，2016.
❷ 袁宣萍，赵丰. 中国丝绸文化史[M]. 济南：山东美术出版社，2009.

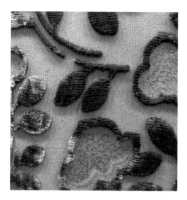

图2-32 丝绒

图2-33 漳缎

（十一）缂丝

也作刻丝或剋丝、克丝等，以通经断纬的方法织成，我国最晚在唐代就已出现。宋代是缂丝发展的鼎盛时期，其技艺有了极大发展，并着力表现名家名作，延至明清，缂丝逐渐衰弱，常以画补缂或以画代缂（图2-34）。

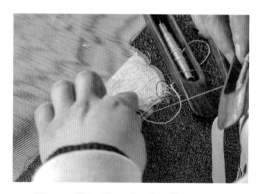

图2-34 缂丝（摄于南通宣和缂丝研制所）

缂丝是中国特有的高级工艺织物，缂丝与其他丝织物不同，采用的是"通经断纬"的织法，就是在织造时，沿图案花纹需要的地方，使以各种彩丝制成的纬线，与经线交织，令图案一块块盘织出来，经线贯穿织品，而纬线不贯穿全幅。织成之后，表里一致，犹如镂刻一般，所以又称"刻丝"，细看缂丝在纬纱换色处有孔眼（图2-35）。缂丝的织造非常复杂，凡花纹处都要局部把丝线刻织在轮廓内，有多少种色线就有多少只梭子，所以，图案越复杂，用色越多，工艺越繁复。

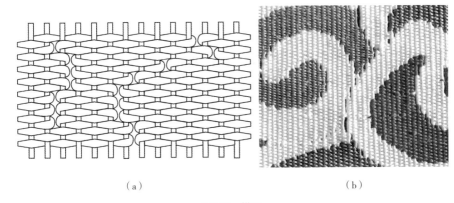

（a）　　　　　　　　　　（b）

图2-35　缂丝

缂丝的织造技法主要有结、掼、勾、戗等。缂丝以宋缂丝（本缂丝）为源，又衍生出后来的明缂丝、绒缂丝、引箔缂丝、雕镂缂丝、紫峰缂丝几种类别。不同技法类别的缂丝有着不同的视觉效果（图2-36）。

北宋之前，缂丝的题材以图案为主，形象简练，技法也相对单纯。北宋后期开始，缂丝从实用向纯欣赏类的工艺品发展，通过摹刻名人字画，创造了许多表现书画笔触、水墨晕染的缂丝方法，使缂丝工艺发展到极致。

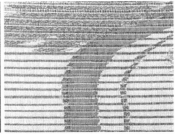

图2-36　不同手法的缂丝（宣和缂丝研制所提供）

缂丝的织造工艺主要用于宫廷服装，以官营织造为主。在民间的运用并不广泛，缂丝服装、缂丝工艺品也只是有钱有身份的人家才用得起（图2-37）。《红楼梦》中描写的服饰就有缂丝的工艺，如王熙凤"身上穿着缕金百蝶穿花大红洋缎窄裉袄，外罩五彩刻丝石青银鼠褂，下着翡翠撒花洋绉裙。"另外，贾母寿辰，江南甄家送一架十二扇大围屏，"是大红缎子刻丝'满床笏'"。民间可见的缂丝通常是用于一些配饰小件，如扇套、眼镜套、荷包等。

现代社会，知道缂丝的人已经不多，民间掌握这项工艺的人更少，目前江苏南通、苏州民间仍有缂丝工场。缂丝工艺主要用于复制龙袍、历代缂丝艺术品，以及唐卡等，也一度制作缂丝袈裟、和服腰带出口日本。图2-38是王玉祥先生复制的缂丝作品——沈子蕃《梅鹊图》。缂丝工艺现在也开始用于高级定制服装及配套用品。

图2-37　清代缂丝挽袖
（南通纺织博物馆藏）

图2-38　沈子蕃《梅鹊图》
（王玉祥先生复制）

第四节　民间棉、麻、毛织物

一、棉织物

棉花是我国发展较迟的一种纺织材料，最早出现在我国西南与西北地区。后来逐渐在福建、广东，再到长江中下游迅速发展起来。作为纺织纤维，棉花较柔软，一般情况下，甚至比韧皮纤维更纤细，并且棉花较容易染色。另外一方面，棉花纱线缺乏光泽，在某种程度上，所有的韧皮纤维都是有光泽的。元代著名纺织专家黄道婆对棉纺织技术的推广作出了重大贡献。

（一）棉纺织工艺流程

黄道婆所传的"捍、弹、纺、织之具"就是去棉籽的轧车、将棉花弹松的椎弓、纺纱的纺车和织布的织机，这也说明了从棉花到纱线再到棉布的工艺过程。从棉花采摘到织布，要经过搓捻子、纺线、拐、染、洗、浆、摆、蒸、棒、打、接线、打蜡、上机织布等三十多道纯手工流程才能完成。

我国传统棉纺织技艺历史悠久，自7世纪棉花从印度传入我国后，中国纺织业即由麻纺转为棉纺。到元代，在黄道婆纺织技术改革的影响下，河北魏县、肥乡县等地的棉纺织业逐步发展兴盛起来，用土布裁制的衣被成为人们生活的必需品。河北省魏县的传统棉纺织技术工艺比较繁杂，包括搓花结、纺线、打线、染线、浆线、络线、经线、印布、掏缯、闯杼、绑机、织布十二道工序。决定纺织布条格、花纹的关键工序是经纬色线的设计排列和缯的确定。缯有二页缯、三页缯、四页缯三种，二页缯用单梭能织出白布和条纹布，经纬色线的有序排列则能织出多样的方格布。魏县广大妇女经过长时间的生产实践，创造出了二百余种条格和花纹布的织造方式。

河北省肥乡县的织字土布有纺线、拐线、浆线、络线、经线、刷线、印线、掏缯、闯杼、上机、贴字模等工序，技艺十分独特。织造时把书法样模贴在织布机卷布轴下，透过经线可以看到字体样模，按字体串梭便可织出相应的字样。除书法外，运用肥乡县织字土布技艺还可织出胡椒花、斜纹、鱼眼、许状元拜塔、蝴蝶等图案。20世纪60年代，由于机器纺织业的发展，土

布生产渐渐衰落下去。目前，由于老年织造技工相继去世，青年人不愿学习这门传统手艺，导致织字土布技艺失传，保护抢救已刻不容缓。

（二）棉布的品种

棉织物是指以棉纱线为原料的纺织织物，统称"棉布"。到明代棉布织造已遍布全国，棉布品种也很多。棉布的组织结构有平纹、斜纹、缎纹三种基本组织，还有它们加以变化或联合而成的变化组织、提花组织和复杂组织。从织物组织的角度，棉织物大致可以分为平纹、缎纹、斜纹、提花、绒、绉这几类，每一类别中又有多个品种，如表2-2所示。另外，棉织物还可以分为白质坯布和色织布，它们的区别在于织布前，纱线是否经过漂染，由漂染过的彩色纱线织出的织物就是色织布。

表2-2　棉织物的分类品种

	品类	面料品种
棉织物	平纹类	平布、府绸、麻纱、罗缎
	斜纹类	斜纹布、卡其、哔叽、华达呢、直贡呢
	缎纹类	横贡缎
	提花类	提花布
	起绒类	平绒、灯芯绒、绒布
	起皱类	绉布、泡泡纱、轧纹布

《农书》记载："比之桑蚕，无采养之劳，有必收之效，埒之枲苎，免缉绩之工，得御寒之益，可谓不麻而布，不茧而絮。"因为"葛难御寒丝偏贵，恰与贫民最有缘"，所以棉布逐渐成为人们衣着的一种主要材料。

在运用动力机械生产之前，我国的棉布长期以来一直是运用手工织布工艺制作。鸦片战争之后，大量的机械生产的洋纱、洋布入侵中国市场，土纱、土布市场受到严重打击，广大农村的棉纺织业受到严重破坏，最终走向了没落。

现在运用手工织布工艺制作的棉布仍然被称为土布（图2-39）。目前市场上的土布很多是单色布，或

图2-39　山西土布床单

是呈现有规律的经向条纹的色织布，表面稍显粗糙。所以，现在手工织造的这类土布又称为"粗布""老土布""家织布"。

土布具有柔软舒适、透气、吸汗、冬暖夏凉、不起静电、抗辐射的作用，与肌肤亲和力极强。手织土布的织造工艺极为复杂，从采棉、纺线、打线、染线、浆线、络线，到上机织布，要经过大大小小几十道工序。

明清时期，江南一带土布生产景象繁荣，松江及周边地区是土布的生产中心，松江土布也是明代以来的著名传统产品，因质地优良而遍销全国，其中三梭布和斜纹布的品质较高。据《江南土布史》记载，鸦片战争以前，上海地区的棉布"大致可分为官布（充赋税入官和官用布匹）、一般商品布（上市贩卖）、自用布（织户自用）三类。……一般商品布的品种十分繁复，大致有两类：一类是比较高级的，……如番布、云布、斜纹布等，织造精细……另一类是一般品种，大体上有标（或称东套）、扣（或称中机）、稀三种，……"❶民间还有各种棉织物的品名，如丁娘子布、纳布、锦布、绫布、紫花布等，有不少棉织品是仿照丝织提花或印染加工的。例如府绸，就是紧密结构的平纹棉织物，具有布面纹理清晰，手感滑爽，有丝绸的特性。棉还可以和其他纤维混纺，制作出交织布，如棉与苎麻交织的麻纱，棉与丝交织的丝绵。

明清时期的紫花布是我国最早的彩棉纺织品，用紫色棉花手工纺纱织造而成，无须染色。当时我国江、浙、沪一带种植的天然紫黄色棉花，纤维细长而柔软，由农民织成的家织布，特别经久耐用，被称作"紫花布"（图2-40）。紫花布是大众衣料，产地为江南地区，尤以上海松江生产的最著名。《松江府志》记载"用紫木棉织成，色赭而淡，名紫花布"。据光绪《青浦县志·卷二》称：青浦县也出产紫花布。另有，乾隆《冀州志·卷七》记载，冀州种棉有紫花，故棉布"近有紫花布"。《民俗海门》中也记载了过去男子结婚要穿紫花布裤子的风俗。

图2-40　紫花布

❶ 徐新吾. 江南土布史[M]. 上海：上海社会科学院出版社，1992.

紫花布不仅在民间流行，也受到外国人的青睐。清代紫花布大量出口到美洲、欧洲及东南亚等地，曾是18、19世纪风靡英国的绅士时髦服装的材料。对外商品市场上，以南京民间生产的紫花布较多且易集中，因此通称"南京布"，所以有《中国博览·二卷十期》记载，紫花布是南京的特产。

麻纱也是民间夏季常用的一种布料，由纯棉纱织制的，也有麻（苎麻）与棉的混纺品，布面纵向有细条织纹的轻薄棉织物。麻纱穿起来挺括，特别是夏天，麻纱能吸汗、透气，穿在身上特别舒服。

图2-41　鲁锦

鲁锦是山东西南地区的色织棉布，因其织工精细，织成表面纹理变化复杂多样，且色彩丰富亮丽，极似织锦，而被称为鲁锦。鲁锦的传统纹样有简单的斜纹、条纹、方格纹，也有复杂的枣花纹、水纹、合斗纹、鹅眼纹、猫蹄纹等（图2-41），具有鲜明的地方特色与乡土气息。鲁锦织造技艺已被列入第二批国家级非物质文化遗产名录。

与山东的鲁锦相比，江苏南通的色织土布更加素净朴实，以蓝白搭配为主，用色简单，图案凝练庄重，花纹有蚂蚁纹、芦纹、柳条纹、金丝银丝格，还有桂花纹、竹节纹、双喜纹等诸多纹样（图2-42）。南通地区有一种"芦扉花"系列的土布，是先将部分纱线染成蓝色，再与本色纱线交织成蓝白相间的细密如芦席一般的蓝白细格，风格自然朴素，给人清净淡雅之感，这种布民间还有留存，目前市场上仍然可见。南通的色织土布技艺被列入第三批国家级非物质文化遗产名录，同时被列入的还有浙江余姚土布的制作技艺。

		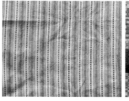	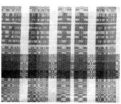
（a）桂花布	（b）芦扉花布	（c）竹节布	（d）双喜布

图2-42　南通色织土布

现在不断复兴的民间土布织造除了被列入国家级非遗名录的山东鲁锦、南通的色织土布、浙江余姚土布，还有河南魏县的土纺土织布、山西霍县的土布床单、陕西蒲城的农家织绣、山东博县的老粗布床单、上海崇明的土布（图2-43），以及苏南乡村的一些江南土布。

图2-43　上海崇明土布

二、麻织物

我国最早采用的纺织原料是麻、葛纤维，这种纤维因良好的性能被誉为"富贵丝"，均属于韧皮纤维，其中苎麻被西方国家称作"中国草"。相传嫘祖发明养蚕制丝之前，伏羲就已发明织布，《韩非子·五蠹》中记载，尧"冬日麑裘，夏日葛衣"。麻织物古时称"布"（《小尔雅》记：麻纻葛曰布）。当时的"布"就是指用葛或麻纤维织造而成的织物。在棉花棉布推广之前，葛布、麻布、纻布是劳动人民日常穿用的布料。所以庶民百姓被称为"布衣"。

我国从公元前4000多年前已开始用葛藤纤维纺织，葛布盛行于春秋战国时期，后来因葛藤生长慢、产量低、加工难，逐渐被大麻、苎麻所取代。大麻和苎麻盛行于隋唐时期。自宋代起棉织物逐渐取代麻织物，成为大众的主要衣料。但是因苎麻布较精细，又挺括凉爽的特点，以及在吸汗、透气等方面的性能比较好，几千年来专门用作夏服与蚊帐。

在古代，麻布的品种也相当丰富，见于《说文》的就有：绀、缌、锡、绤、绖、纻、绤、绉等。

（一）麻纺织工艺流程

麻纺织加工主要包括脱胶、纺纱及织造三个核心步骤，以及打麻、绩麻、浆纱、漂染等其他工序。民间常用的脱胶方法是天然沤麻脱胶：首先是麻茎或麻叶吸水膨胀，使可溶物和色素溶出，其次厌氧菌大量繁殖并分泌大量的果胶酶，使得麻胶彻底分解，从而将纤维分离出来。最后，进行机械清洗去除纤维上的残留物，获得松散柔软的麻纤维。

纺纱是织造麻布的前序，使用加捻的方法可以把麻纤维纺成可供织造的纱或线。麻线的纺制最早被称为绩麻，其经历了从手工搓麻绳，到利用最原始的纺纱工具纺轮，再到水力麻纺纺车的过程。但是，由于麻纤维很难分劈得像棉、毛等纤维一样精细，同时麻纱硬度很高，加捻后咬合力差，导致传统纺车纺纱后得到的麻纱强力低、粗硬，在后续的牵伸整理及织造过程中容易断头，因此手工绩接麻纤维仍是传统麻纺织加工的主要形式。

　　绩好的麻纱经过整经、上浆、穿综、穿筘等工序后开始织造工序，手工麻织布一般为梭织平纹布。在传统织造中，一般利用腰机、双综双蹑织机等传统织机就可以进行麻织物的织造（图2-44）。

图2-44　夏布织造（摄于荣昌夏布小镇）

（二）民间麻织物

　　夏布是流传至今的苎麻纺织品种，是用手工把半脱胶的苎麻撕劈成细丝状，再头尾捻绩成纱，牵纱于纱架的纱锭上，然后均匀刷浆，最后用土织布机手工织成狭幅的苎麻布，是纯手工纺织的平纹布、罗纹布，具有离体、透气、挺爽、凉快、抑菌的特点，因专供夏令服装和蚊帐之用而得名（图2-45）。著名的有江西万载夏布、宁都夏布、湖南浏阳夏布、四川隆昌夏布、重庆荣昌夏布。20世纪初是夏布产销的旺盛期，江西万载夏布、宜黄夏布曾在1940年巴拿马国际展览上夺得金牌。2008年江西万载夏布、重庆荣昌夏布织造技艺被列入国家非遗名录，夏布重新开始受到各方的关注。

　　在麻布织造发展的过程中，后来大量采用两种或两种以上的不同纤维进行交织，也因此出现了很多性能和质量较好的麻织物品种。清代就有麻与丝、棉等纤维的交织物。

《广东新语·货语·葛布》记载："鱼冻布，莞中女子以丝兼苎为之，柔滑而白若鱼冻。谓纱罗多浣则黄，此布则越浣越白。""芙蓉布，以木芙蓉皮绩丝为之，能除热汗。又有暋布，出新安南头。暋本苎麻所治。渔妇以其破敝者剪之为条，缕之为纬，以绵纱线经之，煮以石灰，漂以溪水，去其旧染薯莨之色，使晶莹雪白。"

鱼冻布就是用苎麻纱和蚕丝交织而成的布料，因"色白若鱼冻"而得名。鱼冻布兼容了丝与麻的特点，质地光滑柔软，由于布中苎麻纱线上残留的一些未脱净的胶质，在洗涤时逐步脱胶，使布具有了"愈浣则愈白"的特点。明清时期在广东东莞一带流行。暋布是苎麻纱与棉纱交织而成的。另外，福建漳州还出产一种交织布，是由棉、麻、丝交织而成，其细致程度与纱罗极为相近，当地称为"假罗"。19世纪的《闽产录异》中称这些假罗织物为罗。"三线者曰三线罗，五线者曰五线罗"，这两种织物都仿丝织采用罗纹组织。❶

关于麻织布，广东出产的蕉麻布和黄麻布（图2-46），福建的青麻布（福建绸）都是过去具有地方特色的民间麻织物。

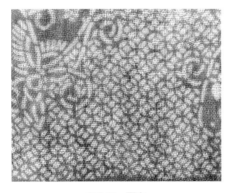

图2-45　夏布

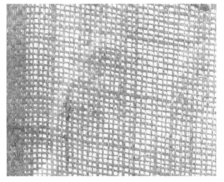

图2-46　黄麻布

三、毛织物

民间纺织品除了用麻、棉、丝纤维作为原料外，还有用毛纤维的。用于纺织品原料的大部分动物纤维来自不同种类的绵羊、山羊和骆驼，但是其他

---

❶ 陈维稷. 中国纺织科学技术史（古代部分）[M]. 北京：科学出版社，1984.

动物的毛也可作为纺织品的原材料。羊毛的种类不同使毛纤维的粗糙度、长度、色泽、颜色等也不同。这种不同也会发生在依靠同样放牧和气候条件的动物种类中，放牧和气候条件能够以一种或多种方式影响纤维形成。我国纺织用毛纤维原料主要有羊毛、山羊绒、骆驼羊绒、牦牛毛、兔毛以及飞禽的羽毛。由于绵羊和山羊是古代人工饲养量最大的品种，所以羊毛是最主要的毛纺织原料（图2-47）。

用动物毛纺织古已有之，尤其在北方少数民族地区毛纺织技术比较发达，中原地区的毛纺织出现也比较早，文献中多有记载。《诗经·国风·王风·大车》中就有描述："大车槛槛，毳衣如菼。……大车哼哼，毳衣如璊"，这里的"毳"就是指鸟兽的细毛。《唐国史补》记载："宣州以兔毛为褐，亚于锦绮。"清初叶梦珠的《阅世编》里也有关于羽毛织物的记载："今有孔雀毛织入缎内，名曰毛锦，花更华丽，每匹不过十二尺，值银五十余两。"可见物以稀为贵。

古代主要的毛纺织品有：褐、罽、毡、毯等。

罽是细毛精纺织物，褐是粗毛织物。关于"罽"，《三国·吴志》中有记载，三国东吴孙皓赐功臣"斑罽五十张，绛罽二十张，紫青罽各十五张"。可见当时已有带色彩花纹的精致毛织物。

褐是一种粗毛纺制的衣物，《诗经》中有："无衣无褐，何以卒岁。"孔颖达疏："今夷狄作褐，皆织毛为之，贱者所服。"《天工开物》记："褐有粗无细"，粗毛纺制的"褐"历来是庶民、士卒、奴婢所服用。

毯是通过经纬交织，并在经纱上扎结形成表面立体绒圈效果的毛织物。一般有地毯、挂毯等，常用于空间的装饰、保暖和隔音，明清时期的北京地毯就非常有名。中原地区的毛毯是冬季的床上用品，也称为毛席或毛褥。

毡是西北地区的特产，是动物毛经湿、热、挤压等物理作用而制成的无纺织物。可以做成帐篷、床上用品、斗篷、鞋垫、冬天的帽子，以及书画用的毛毡垫等，浙江绍兴地区民间流行的乌毡帽（图2-48）就是这种毛织物，通过特殊的工艺处理，具有定型、防水、保暖的特点与作用。

总体来说，我国汉地手工毛纺织不太发达，与动物饲养量和生活实际需求有关。到了近代，主要的产品还是手工地毯与毡制品。第一次世界大战前夕，中国已建立了4家粗梳毛纺织厂，陆续生产出一批粗纺毛织物。到抗日战争前，中国初步形成了能生产包括粗纺、精纺、驼绒、绒线等主要毛纺织品的生产体系。[1]但织物产品都以模仿国外为主，主要毛纺织品如表2-3所示。

图2-47 毛织物

图2-48 乌毡帽

表2-3 近代毛织物的分类品种

	品类	面料品种
毛织物	粗纺毛织物	平厚呢、绒毛大衣呢、春秋大衣呢、法兰绒、制服呢、军呢、细呢、骆驼呢
	精纺毛织物	哔叽、华达呢、花呢、海力蒙、板司呢、单面花呢、直贡呢、驼丝锦、马裤呢、派力司、凡立丁

---

❶ 周启澄，赵丰，包铭新．中国纺织通史[M]．东华大学出版社，2017．

第三章

汉族民间纺织品的染色与印花

第一节　传统染色工艺

　　我国很早就利用矿物、植物染料对织物和纱线进行染色。并且在长期的生产实践中掌握了各种染料的提取、染色工艺，生产出了五彩缤纷的纺织品。我国古代纺织品，尤其是丝绸能够冠绝世界，与印染技术也是分不开的。没有高度发展的印染技术，纺织品是不能充分发挥其特色的。众多的出土纺织品，特别是锦、绮、绫、罗、绣，其花纹造型生动，色彩绚丽和谐，让人们在千百年后仍然叹为观止。这些成就一方面依靠复杂的织造工艺，另一方面要依赖卓越的印染技术。民间纺织品的染色在代代相传中不断发展，染色技术不断创新，获得的色彩也更加丰富。

一、染料

　　中国古代纺织品上的染料主要有矿物染料、植物染料和动物染料三大类。动物染料在早期的文献中有记载，在之后的发展过程中，逐渐被其他染料所取代，所以这里主要介绍矿物染料和植物染料。矿物染料用于纺织品着色较植物染料早。对矿石染料的使用可以追溯到旧石器时代，商周时期的服装上已出现了多种矿物染料。植物染料染色比矿物染料复杂，需要整套的工艺技术。植物染料是伴随着种植技术的发展而被推广大量使用的。事实上，民间染色发展到后来也是以植物染为主了，而矿物颜料在书画领域的运用更为广泛一些。

　　（一）矿物染料

　　矿物染料，又称"石染"。它的使用比植物染料的使用要早。早期在纺织品上画绘纹样就是用矿物染料。中国古代使用的矿物染料主要有朱砂、空青（石绿）、石黄。朱砂染红，空青染绿，石黄染黄。

　　朱砂的主要成分是硫化汞，用来染红，《考工记》中有记载朱砂染羽的方法。朱砂也可以染布帛。马王堆一号墓出土的彩绘印花纺织品不少就用了朱砂，"朱砂染出的织物颗粒分布均匀，覆盖良好，织物孔眼清晰，没有堵塞现象[1]，说明当时朱砂运用的技术水平已相当高。银珠是后来出现的一种人工合成的朱砂。

还有赭石（赤铁矿）可以染红，但赭石染出的是暗红，不如朱砂的鲜艳。《荀子·正论》："赭衣而不纯"。赭石在古代主要用于粗麻布的染色。

空青作为矿石是有名的孔雀石，作为颜料名为石绿，是一种盐基性碳酸铜，主要用来染绿。石青，又称大青，是蓝色矿物染料。空青和石青除了用于纺织品染色，也可以作绘画的颜料。

雌黄和雄黄（三硫化二砷和硫化砷）是用于染黄的主要天然矿石。雌黄呈鲜黄，色质饱满；雄黄呈浅橘红色。

胡粉，即铅白，是通过化学方式提取的，在《天工开物》中有详细的提取方式的记载，用于染白，在绘画中普遍应用，也用于彩绘服饰。另有蜃灰，也是白色涂料，在《周礼·掌蜃》中有记载。

炭黑是主要的黑色矿物染料，广泛用于造墨和印染。另外，黑土也可以染黑，但性质较差，作为媒染剂可以使丹宁类染料变黑。《淮南子·俶真训》："今以涅染缁，则黑于涅。"《荀子·劝学》中有："白沙在涅，与之俱黑。"《说文解字》注："涅，黑土在水也。"关于黑土，《尚书·禹贡》总结的秦汉地理概况中就有了"黑土、白土、青土、赤土、黄土"的记载，说明了古代人对矿石、土壤的了解。黄土可以染黄色。

（二）植物染料

植物染料，又称"草染""草木染"。开始利用的植物染料是野生的，品种产量都少。《诗经·小雅·采绿》中说"终朝采蓝，不盈一襜"，可见采集不易。随着种植技术的发展，植物染料后来成为传统染料的主流。

蓝草是染青色的最主要的染料植物，含有靛蓝苷，经水浸渍，然后织物染色，再经空气氧化成为靛蓝色。蓝色是百姓服用最多的色彩，因此在民间的种植发展很快，并形成了"种蓝业"，《齐民要术》中详细地记载了种蓝制蓝的方法。到明代，能够制靛蓝的已有五种蓝草：茶蓝（菘蓝）、蓼蓝（图3-1）、马蓝、吴蓝、苋蓝（小叶蓼蓝）。直到现在，草木蓝染仍然受民众喜爱。

茜草染色主要用其根，是染各种深浅不同的红色的主要植物染料。茜草在商周

❶ 熊传新，游振群. 长沙马王堆汉墓[M]. 北京：生活·读书·新知三联书店，2006.

时期就是主要的红色染料。茜草的根部提取的茜素可以染红，茜素是媒染性植物染料，不加媒染剂只能染浅黄色，加不同的媒染剂，可以产生不同的红色。

　　红花，又叫红蓝花，也是一种染红的植物染料（图3-2）；另外还有苏枋（苏木），古已用之，也是民间广泛使用的红色植物染料。

　　紫草染色主要用其根，根部含有乙酰紫草宁，可以染紫色（图3-3）。和茜草相似，要加椿木灰或明矾媒染，可以染紫红色。紫草也是较早用于纺织品染色的植物染料，在商周时期就有成熟的染紫技术。

　　荩草含有荩草素，是染黄的植物染料，以铜盐为媒染剂可以得到鲜艳的绿色。荩草早在春秋以前就被用于染黄和染绿。

　　卮是栀子树，其果实可以染黄，汉代已经开始种植（图3-4）；栌木和苄（地黄）可以染黄。栌含有非瑟酮，染的黄色在光照下呈赤色，神秘的色差使之成为古代最高贵的服色染料；还有黄檗树的芯材，含有小檗碱，可以染黄；桑树皮则可以染褐色。

图3-1　蓼蓝

图3-2　红花

图3-3　紫草

图3-4　栀子

栎树、五倍子含焦椊酚单宁质，柿子、冬青叶含儿茶酚单宁质，直接染呈淡黄，和铁盐作用呈黑色。含有单宁质的植物还有鼠尾草、乌桕叶，都是染黑的原料。柞、石榴皮等，一直到1949年，都是广大农村所使用的染黑染料。

植物染料在织物上呈现什么色彩，以及色彩的深浅、鲜艳程度，与很多因素有关，比如季节、温度、时间、媒染剂、染色的次数等。所以，相同的植物染料，由于温度、时间等因素的变化，也会呈现出不同的色彩。

植物染料的运用也是劳动人民因地制宜的选择。随着时间的推移、技术的发展，有的植物被新的品种取代，有的失传。植物颜料的运用不断深入，品种也不断扩大。如今化学染料在工业化生产中起着主导作用，草木染以它独特的优势仍然在民间低调优雅地展示着它的活力（表3-1）。

表3-1　民间纺织品中石染、草染与色彩的对应

色彩	主要矿物颜料	主要植物染料
红	朱砂、赭石、银朱	茜草、红花、苏木（苏枋）
黄	雄黄、雌黄、石黄	荩草、栀子（栀子苷）、槐花、地黄
蓝	石青	菘蓝、蓼蓝、马蓝、吴蓝
绿	石绿（空青）	荩草、鼠李
紫		紫草
褐、黑	黑炭、黑石脂、磁铁矿	鼠尾草、五倍子、皂斗、乌桕叶、石榴皮、薯莨根、桑树皮
白	胡粉、蜃灰	

二、染色方法

民间的染坊（图3-5）染色主要用染缸、染灶、染棒和拧胶砧等设备和工具。常温染色用染缸；需要加温的用染灶对染锅进行加温；染棒用来搅动被染织物，达到染色均匀的目的；拧胶砧用于脱去染织物上多余的液体。

图3-5　染坊

(彭泽益,《中国近代手工业史资料1840-1949》第一卷，读书·生活·新知三联书店，1957年.)

从染色工艺上来讲，一般分为浸染和涂染。浸染是指将纺织品直接浸渍在染料和助剂中，使织物上色的方法，是民间染布采用的主要染色方式。古代先人已发现，染色的深浅与染色的次数有关。染色中，织物每浸染一次色彩就深一次。《尔雅》记载茜草染色从浅红到深红的不同名称："一染縓，二染窺，三染纁"。《考工记·钟氏》记："三入为纁，五入为緅，七入为缁"。如果分先后将织物浸染在不同的染料中，还可以获得不同染料的混合色，这种方法被称为套色染，如靛蓝与槐花可以套染出绿色。涂染是指将染料直接涂刷在纺织品上的染色方法。古代服装上的画绘图案的色彩就是涂染上去的。现在民间的镂空版印花也是涂染，只是利用了刮板，使染料更加均匀地附着于纺织品的表面。这种方法一般后期还要做加温等的固色处理。

从染料的显色原理来讲，染色方法还可以分为以下三种。

（一）直接染色法

直接染色法是指直接用染料和助剂颜色的方法。通常用碱和乌梅来助染，过去染红色就是用的这种方法，红花属于酸性染料，用乌梅来调节酸碱性，使织物获得良好的色牢度。

（二）媒染法

媒染是指根据染料的物理和化学性能，用媒染剂使之呈现一定的色彩。根据染料本身的不同性质，大部分植物染料在提取色素染色的过程中，需要加入一定的媒染剂，以帮助促进染料与织物的结合，达到固色的目的。

民间所用的主要有铝盐类的媒染剂——天然明矾，明矾的助染可以提高色彩明度；也有用含有铁盐的媒染剂——黑矾、绿矾，铁离子可以使色彩偏棕褐色，令彩度下降。民间也有用富含铝盐的栲木、椿木灰做媒染剂的，这些木灰中含有较多的铝盐化合物；还有用含有铝盐的河水、含有铁离子的泥土和河水。

大部分植物染料染色都需要媒染剂，如槐米染黄用明矾，苏木染古铜色用黑矾。还有茜草染绯红、紫草染紫、荩草染（绿）黄、皂斗染黑等都需要媒染剂。

（三）还原染色法

还原染色法主要用还原染料，是指在染料碱性的条件下被还原使织物着色，再经过氧化，使织物表面恢复成原来的色彩。蓝草就是一种还原性染料，可以直接在纺织品上染色，如民间的蓝染，刚染出来的时候是黄色，在空气中被氧化之后而显出蓝色。过去普遍用的还原剂是米糠和酒糟，碱剂是石灰，现在都用保险粉做还原剂。

三、色彩分类

中国古代已有丰富的染色色谱。《急就篇》中有这样的描写"锦绣缦纯离云爵，乘风县钟华洞乐。豹首落莫兔双鹤，春草鸡翘凫翁濯。郁金半见缃白㿤，缥綟绿纨皂紫硟。丞栗绢绀缙红燃，青绮绫縠靡润鲜。绨络缣练素帛蝉，绛缇絓䌷丝絮綿。"从这段对织物图案及色彩的描写，可以感受到图案色彩的丰富程度。《天工开物》中记载的色谱与染色方法也有二十余种。表3-2是根据古代文献记载整理的有关纺织品的色彩。可以看出随着时代的发展与染色工艺技术的不断提高，施染出的纺织品色彩也在不断丰富，并且在色彩的命名上也是极富想象力的。清末《雪宧绣谱》中记载的色彩类别已多达87种，而"其因染而别者"更是多达745种。

表3-2　根据古代文献记载整理的色彩分类表

色系	文献				
	《急就篇》（西汉）	《说文解字》（东汉）	《天工开物》（明代）	《天水冰山录》（明代）	《雪宧绣谱》（清末）
红色系	红、缙（浅赤）、然（深红）、绛（赤）、缇（黄赤）	红、纁（浅绛）、绯（赤）、纂（似组而赤）、绌（绛）、绡（绛）、绛（大赤）、綪（赤）、缙（浅赤）、絑（纯赤）	大红、莲红、桃红、水红、银红、木红	红、大红、水红、桃红、银红	老红、大红、木红、血牙、黄血牙、牙绯、墨血牙、洋红、并红
黄色系	郁金（浅黄）、半见（黄白）、蒸栗（深黄）、缃、绢	缇（丹黄）、縓（赤黄）、纳（浅黄）、绢（麦稍）	金黄、赭黄、鹅黄	黄、柳黄	金黄、杏黄、明黄、粉黄、鹅黄、姜黄、藤黄、老绸、秋绸、墨绸、银绸、泥金、古铜、蜜色、水蜜
青色系	青、缥（青白）	缥、綪、緅	天青、葡萄青、蛋青、包头青、毛青、翠蓝、天蓝	青、天青、蓝	老青、老蔡青、老灰青、老桃青、老石青、老杭月青、天青、并青、并蔡青、并灰青、并桃青、并石青、并杭月青、并天青
黑色系	皂	缁（黑）、纔（微黑）、纅（雒色）	玄色	黑、黑青	市玄、元青、铁色
白色系	白絇、纨	皬、纨、缚、缔、缞	月白、草白、象牙	白、葱白、银俟、玉色、芦花色	雪白、葱白（次白）

色系	文献				
	《急就篇》（西汉）	《说文解字》（东汉）	《天工开物》（明代）	《天水冰山录》（明代）	《雪宧绣谱》（清末）
紫色系	紫、绀	紫（赤青）、绀（青而赤）、繰（青而赤）、緅（青赤）、緺（紫青）	紫色	紫、茄花色、酱色	血紫、青豆紫、红豆紫、灰紫、并紫、紫绛、墨绛、红绛
绿色系	绿、綟（苍艾色）	绿、綟（苍艾色）、綟（莀草染色）	大红官绿、油绿、豆绿	绿、柳绿、墨绿、油绿、沙绿	老地绿、老葵绿、老青豆绿、老灰绿、老墨绿、老油绿、老水绿、老兰花绿、并葵绿、并地绿、湖绿、湖色、水湖、并青豆绿、并水绿、并灰绿、并兰花绿、并油绿
褐色系			茶褐色、藕褐色	藕色、沉香色、栗色、鼠色、茶褐色	老赭石、黄赭石、水赭石、墨赭石、银赭石、青赭石、菜赭石、并赭石
灰色系					老灰、青灰、水灰、银灰、桃灰、菜灰、墨灰、木色、并灰
其他	碇	缟、素、繻、縛、纶、绶		五色、杂色、闪色	

第二节 传统印花工艺

古代称纺织品印花为"染缬","缬"指染色显花的织物。《类篇》："缬，系也，谓系缯染为文也"。《二仪实录》认为："缬，秦汉间始有，陈梁间贵贱通服之。"印花是纺织品装饰的重要手段。按印花工艺的原理可以分为以下几大类：

（1）直接印花：用染料直接在织物上印花的工艺称为直接印花，如凸版模印、镂空版印花等。用颜料直接在面料上画绘的形式，也属于此类。

（2）防染印花：先用防染剂覆盖不需要染色的部分，然后染色，涂有防染剂的地方不上色，从而形成花纹。蓝印花布、蜡染等都属于防染印花，民间扎染也是防染印花的一种，是通过捆扎面料来防止染料渗入的一种方法。

（3）拔染印花：拔染印花就是先染底色，再用含有能够破坏底色染料的花浆（拔染剂）印花，经化学作用，使底色上印有花纹的地方消色，呈现白花。我国古代劳动人民在不断的生产实践中发明了拔染技术，能将染好的颜色褪去。明代宋应星《天工开物》记载："凡红花染帛之后，若欲退转，但浸湿所染帛，以碱水、稻灰水滴上数十点，其红一毫收转，仍还原质。"❶但是，拔染印花在民间纺织印染中并不常见。

这些印花方法中，使用的材料、工具、制版方式、操作方式在不同的历史时期也有所不同，但工艺原理一致。传统的手工印染镂空版、刮印花和刷印花等，一直在民间沿用，至今在少数地区仍然保留传统的手工印花方式。

一、直接印花

（一）画绘

画绘是指在织物上直接用颜料绘制纹样，古代叫"画缋"。古人很早就知道利用天然的矿石颜料和植物染料在纺织品上涂绘纹样，从出土的古代纺织品来看，描绘的工艺也是形式多样，有线描、线描填彩和彩绘。图案设计的

---

❶ 宋应星．天工开物[M]．上海：上海古籍出版社．2008.

方法有两种，一种是在底纹上绘制新的纹样，纹样的设计不受制于面料的织纹，这种方法创作的自由度会比较大；一种是利用底纹的图案填色，色彩的对比使底纹上原来的图案更加明显。

画绘的表现手法还可以作为一种辅助的手段，来表现织造不能实现的色彩效果，如缂丝工艺在表现工笔画中色彩晕染的效果时，会采用画绘晕色的方法。宋代沈子蕃缂丝花鸟轴中鸟腹部的色彩就是画绘晕染的效果，这种与织造纹样相结合的色彩填涂形式在后来的纺织品中也一直存在。图3-6是清代一件织物，其中仙鹤和蝙蝠是手绘线描，色彩是通过织造来实现的。印花技术发展之后，画绘又结合了印花技术，来达到丰富的色彩效果，马王堆出土的纺织品中就有彩绘与凸版印花相结合的织物。民间纺织品的装饰中也不乏这样的表现形式。图3-7是民间的鞋面，上面有刺绣和手绘结合的装饰纹样；图3-8中是民间枕顶上的手绘纹样。

图3-6　手绘与织造结合的纹样（清）

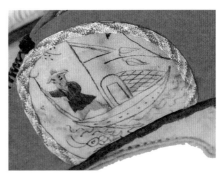

图3-7　绘绣鞋面（中原）

图3-8　手绘枕顶（东北）

（二）凸纹模版印花

凸纹模版印花是一种古老的直接印花工艺，有木模版捺印和戳印两种形式。

木模版捺印是指用鬃刷在刻有花纹的画版上刷上需要的颜色，再把脱浆的坯布覆盖在刷有色料的凸纹花版上，用玻璃球反复滚动摩擦，使凸纹上的颜色转移到面料上，形成花纹。戳印原理与盖印章相同。从出土的纺织品实物来看，秦汉时期已有这样的印花方式。图3-9是广州南越王墓出土的青铜印花模和印花的效果。民间凸纹模版印花也常与手绘涂色结合，得到更加丰富的色彩效果。

现在民间仍然保留着这样的印花工艺，并且可以套色印。图3-10是南通蓝印花布馆收藏的民间木刻花版；图3-11是山东彩印花布用的木印戳子及印花效果。

图3-9 西汉青铜印花模与印花效果（广州南越王墓博物馆藏）

图3-10 清代印花木刻版
（南通蓝印花布馆收藏）

图3-11 山东木印戳子及印花效果
（鲍家虎.《山东民间彩印花布》，山东美术出版社，1986年.）

有史学家认为，唐代的木版印刷与宋代的活字印刷的发明，可能是受到这种印花技术的直接影响。

（三）镂空版印花

镂空版印花是指用特薄的木板或是经专门加工的纸版雕刻镂空花纹，再将镂空版至于待印花的坯布上，用毛刷蘸染液直接在漏版上刷印上色（图3-12），色彩透过镂空的地方渗透到织物上，形成花纹，由于是手工刷色，所以色彩可以有浓淡的变化，也可以多套色。后面讲到的彩色印花、拷花都属于刷印花。

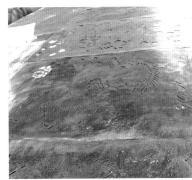

图3-12　镂空版与刷印花

二、防染印花

（一）夹缬

夹缬是用花版夹持织物进行防染的印花工艺。把布夹在刻有相对应的花纹木板中间，然后捆扎牢固，浸入染液中，染液注入镂空花纹的部位，染色后去掉花版，显出对称的蓝底白色花纹（图3-13）。

夹缬有凸版、镂空版之分，可单色一次性夹缬；也可多色一次性夹缬；还可多次套印夹缬，染五彩的花纹。夹缬在唐代非常流行，日本正仓院收藏的唐代夹缬就相当精美。唐代夹缬以多彩为特色，主要有红、蓝、黄、绿四色（图3-14）。宋代彩色夹缬民间是被禁用的，所以夹缬在民间的发展色彩趋于单色，以靛蓝为主。之后彩色的夹缬工艺也就慢慢消失了。2015年，温州市采成蓝夹缬博物馆经过几年的研究，成功恢复染制了唐代的彩色夹缬，"复

活"了失传800多年的彩色夹缬技艺。❶

　　夹缬染色早期采用的染液容易使纹样的边缘部分出现渗色现象，造成纹样边缘不清晰。宋代，染液中加入了一种胶质或粉质物，把染液调成糊状，改善了渗色的问题，使印花更加细腻、清晰。

　　现在，在浙江温州地区，民间还保留着形态古老的夹缬版，使独特的夹缬工艺至今不失原貌。

图3-13　夹缬版及夹缬印花

图3-14　唐代多彩夹缬

❶ 华晓露. 艺人"复活"失传800多年彩色夹缬技艺[N]. 温州日报，2015-7-15.

（二）绞缬

绞缬又称扎缬，现在称扎染，是中国传统的手工染色技术之一。它是用线捆扎、缝扎（图3-15），或者折叠再捆扎牢固，然后染色，染色后再拆去捆缝的线，原来捆住的部分就会形成一定的花纹的一种防染方法。

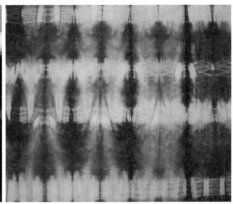

图3-15　捆扎后的面料与扎染纹样

扎染是通过捆扎、夹扎等手法来使织物防染的。扎染的工具简单，只需要线、绳、针等，或者不用工具，直接将织物进行自由打结，也能随心所欲制作出花纹。扎染工艺分为扎结和染色两部分。就扎的手法来说可以分为自由捆扎、点扎、折叠捆扎、缝扎、夹扎等几种类型，不同类型的组合，以及不同辅助工具材料的运用，会使扎染效果有多种变化。扎的工序完成后采用高温煮染，可以浸染，也可以吊染；可以染单色，也可制作多套色。色彩煮染效果与扎结的松紧和染色的时间有关。一般时间越长，色彩越饱和；扎得越紧，阻染的效果越明显。

绞缬在汉代已经出现，魏晋时期民间已经相当普遍，隋唐时期更是风靡一时。出土的唐代绞缬不但有打结与扎绞两种手法，还有缝绞法。"醉袂几侵鱼子缬""龟甲屏风醉眼缬"就是唐代描写绞缬的诗句。北宋绞缬在民间曾一度被禁用，一定程度上也抑制了绞缬的发展。在宋以后的出土纺织品中绞缬实物就不多见了。

20世纪80年代，南通扎染就大量出口日本，一度也是我国创造外汇的项目。图3-16为鱼子缬技法的扎染效果，是日本和服上常用的扎染技法。

图3-16 扎染（摄于南通蓝印花布馆）

现代扎染在染色方法上有了更多的创新，如冰染技术、针管注色、吊染等手法的介入，使传统扎染有了时代的光芒。所以，现代扎染已成为设计师面料再造的技法、艺术家的创作手段。

（三）蜡缬

蜡缬，现在称蜡染，是用蜡作防染剂的染色技艺。将蜡加热融化，以蜡刀蘸蜡画于布上，待蜡干后浸染，再去蜡显出白色花纹。蜡染距今已有两千多年的历史，秦汉时期，我国就有了"绘花于布，而后染之，去蜡则见花"的蜡缬。图3-17是日本正仓院收藏的唐代蜡染屏风。

图3-17　唐代蜡染屏风（日本正仓院藏）

　　蜡染用的蜡是将蜂蜡、白蜡、松香按一定比例，通过加温融化混合而成。混合的比例根据凝固后需要的软硬程度而定。

　　上蜡的方法有三种：一是用笔或蜡刀蘸蜡液绘制纹样（图3-18）；二是用有凸纹的点蜡工具蘸蜡液点蜡；三是用镂空木板夹布灌蜡，然后去夹板染色，这种方法有点类似夹缬。

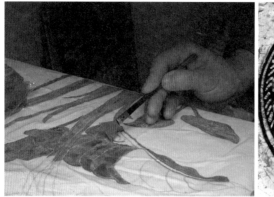

图3-18　画蜡与蜡染纹样

　　待画好的蜡凝固，再将布放进染缸经过多次漂染上色。如果要冰纹的效果，先将画好的布冷冻一下再染色。由于不同的蜡黏性不同，形成的冰纹效果也就不同。

　　最后是去蜡，染过的色布通过加温去掉画在布面的蜡，再经过几次漂洗，便可制成色白分明、花纹如绘的蜡染花布。如果要染套色就要重复以上步骤。

　　蜡染图案古朴而又优美、粗犷而又细腻。由于蜡质变硬后产生裂缝，染料就会渗入裂缝中形成巧夺天工的"冰纹"。蜡染只适宜常温染色，且色谱也有一定的局限性，中原地区的蜡染工艺在宋代以后，逐渐被其他印花技术所替代（豆浆、石灰制成的"灰药"替代蜡防染）。但蜡染工艺在一些少数民族地区继续发展，一直流传至今。现代蜡染工艺常被用于服装与家纺装饰领域的创新设计。

　　（四）灰缬

　　灰缬就是用"灰药"（灰粉、灰浆）——由豆粉和石灰按一定比例混合的糊状物来防染。通过特制的镂空纸版，把灰药刮漏到坯布上，使镂空的部分刮上灰药，形成花纹（图3-19），然后浸染，晾干，再去掉"灰药"，形成色地白花的效果。

　　灰缬印花工艺的历史可以追溯到唐代，是在镂空木版的基础上发展出来的，后来的镂空纸版使这种工艺得到迅速发展。由于灰药比蜡更容易获得，也因为镂空纸版刮浆比画蜡更具效率，汉地的灰缬逐渐取代了蜡缬。明清时期风行的民间蓝印花布就是用的这种工艺。

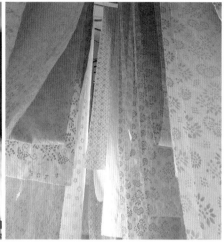

图3-19　镂空版雕刻与刮有灰浆的织物

第三节　民间现存手工印染技艺

前两节介绍了传统的印染工艺，这些工艺在现代化进程中逐渐被现代工业化的印染技术替代，传统技艺有的已经失传，有的在少数民族地区找到了生存空间，也有的仍在汉地民间狭小的区域传承着。下面介绍的主要是汉地民间现存的几种手工纺织品印染技艺。

一、灰缬蓝印花布技艺

灰缬蓝印花布是民间传统的印染纺织品之一，是在宋元"药斑布"、明代"浇花布"的基础上发展而来的，印染工艺已有一千三百年历史，至今在民间仍有生产，并有一定的市场需求。它的发展与棉花种植、纺织业的发展是分不开的。

过去民间蓝印花布的生产从种植、制蓝到染色有很完善的产业链。有专门种植、制蓝的农户，有代客户介绍的青行，有专门负责染色的染坊，还有专门做坯布刮浆的"印花担"。《东皋话旧》中记载：农历五月收割蓝草，将茎连叶放在砖砌的圆形大池内沤浸成为蓝色膏子，由青行的人带染坊的人来看样、定价，成交后装船运走。[1]染坊印花染布，兼收顾客印好灰浆的花布，为其染色。"印花担"走街串巷，上门为客户刮浆印花，不加工染色。

（一）传统制蓝工艺流程

（1）将采摘的蓝草放入专制的坑池中浸泡发酵至腐烂，约一周左右。

（2）将腐败的蓝草枝叶捞出来，加上一定比例的细石灰粉，用木棍搅浆，直到表面浮出绿色泡沫。

（3）搅浆、打花后，待石灰和蓝靛水化合沉底，形成的半固态的蓝靛汁就是蓝印所需的染料。

过去蓝印花布的制作，从制蓝、制版、印花到染色，全部手工操作。20世纪初，德国产的化学靛青，由于染色工艺简便，且成本低，使蓝草的种植业逐渐萎缩，合成靛蓝广泛使用克服了蓝草染色的季节限制，这种蓝印花布的技艺一直在民间传承。民间这样描述蓝印花布的制作"以皮纸积背如板，以其布幅阔狭为度，錾镂花样其上，每印时以板覆布，用豆面等药物如糊刷之，候干入蓝缸浸染成色，出缸再曝，晒干拂去原药而斑烂，布碧花白"。

（二）灰缬蓝印花布的制作过程

灰缬蓝印花布的制作过程如图3-20所示。

（1）挑选坯布、脱脂：脱脂是为了更好的上色。

（2）雕版：传统是先用柿漆裱桑皮纸，一般裱六层，然后画样，再镂刻花版，雕刻方法和阴刻剪纸相同，雕刻好了上桐油，增强牢度。

---

❶ 周思璋. 东皋话旧[M]. 南通：南通市文学艺术界联合会，2006.

（3）刮浆：用豆粉和石灰的防染浆刮在覆盖镂空油纸版的布上，布面油纸版镂空的部分被防染浆覆盖。

（4）染色：待刮过浆的布晾干，然后放入染缸染色。染色之前有个重要的环节——看缸，就是观察染缸中染料的颜色，来判断是否可以进行染色。看缸一般依赖有经验的师傅。蓝靛染的布出缸时是黄色，需要接触空气，才能变成蓝色，单单染色工序就要经过十几次的反复染色与氧化，才能得到饱和的墨蓝色。

（5）整布、刮灰：晒蓝布，待干后用刮刀刮去防染灰。

（6）清洗、晾晒：去掉防染灰的布要经过水洗、晾干。

蓝印花布可分为蓝地白花和白地蓝花两种形式。蓝地白花只需用一块花版印花，白地蓝花则要制两套花版，一套印底色，一套印花纹。现在南通二甲的蓝印花布在传统的基础上有了创新，依据染一次深一次的原理，根据深浅的设计要求来雕刻花版，一个层次一块花版，刮浆——染色——

（a）雕版　　　　　　　　　　　　　（b）刮浆

（c）染色　　　　　　　　　　　　　（d）晾晒

图3-20　夹缬蓝印花布的制作过程

第三章　汉族民间纺织品的染色与印花

再刮浆——再染色，第一次刮浆防染的部分是白色，第二次刮浆防染的部分是浅蓝，其余部分是深蓝，这样就可以染出有深浅层次变化的蓝色了（图3-21）。

　　蓝印花布主要分布于江苏、陕西、湖南、浙江、山东等历史悠久的棉花种植区，这些地区民间妇女素有纺纱织布的习惯，农村农户家中蓝印花布多能自制自用，自明清以来，盛产棉布的集镇都有染坊，一般都是前店后坊，大小规模不等，使蓝印花布成为各家各户不可缺少的生活用品。尤其是在农村，蓝印花布的被面、帐沿、门帘、方巾、枕巾、坐垫、肚兜、围裙比比皆是，蓝印花布也是广大农村妇女最经济、实用、美观的布料。蓝印花布在民间具有如此广

图3-21　蓝印花布（摄于南通二甲建烽蓝印工艺品厂）

泛的用途，一是因为蓝印花布采用的是植物中提炼的靛青作染料，具有消毒防虫的作用，而且色彩饱和，色牢度好；二是因为蓝印花布的坯布紧厚耐用。

现在蓝印花布在民间仍有生产，如南通的二甲、浙江的乌镇等。2006年，南通蓝印花布印染技艺被收入第一批国家级非物质文化遗产名录。

二、夹缬蓝印花布技艺

蓝夹缬属于蓝印土布系列的又一品种，是运用夹缬工艺的一种单色染色技艺。与蓝印花布纹样相比，夹缬的纹样要求是构图饱满、结构对称的方形，每一个方形都具有独立完整的构图，纹样的排列不如蓝印花布纹样的自由度大，这是由它的印染工艺决定的，受到模版尺寸的限制，这种局限性也成了夹缬纹样的特色。

蓝夹缬的工艺流程如图3-22所示。

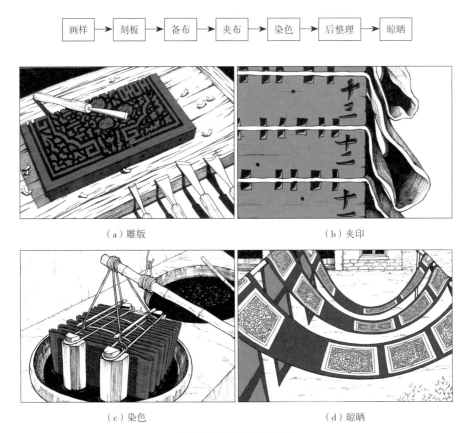

图3-22　蓝夹缬工艺流程

（1）画样：就是现在的设计图样，先在纸上画好定稿，然后复印到模版上。

（2）刻版：一般用梓木料，根据复印的画稿雕版，刻刀因不同的功能有几十种，有开槽的、有凿孔的、有平锉的等。雕刻好的梓木要浸在水里，一来防止梓木变形，二来也有利于染色时阻染。

（3）备布：这是染色前的准备工作。要先整布，除去布面的浆脂；然后将半干的布对折或四折整理平整，标出花纹的间隔位置记号，然后将布卷在与刻板相应尺寸的木棍上。

（4）夹布版：按所做记号将坯布与雕花板逐一交替叠装，并固定。

（5）染色：用杠杆吊起放入染缸，经多次浸染以及在空气中氧化，达到需要的色彩饱和度。

（6）后整理：将染好色的坯布从夹版中取出，经过漂洗后整理，最后晾晒。

目前在温州、丽水、瑞安等浙江南部地区民间仍保留着这种印染工艺。现在浙南夹缬被称为是夹缬的"活化石"。浙南夹缬版全套有17块刻版，可以同时夹染16块不同的图案，首尾两块版是单面雕刻，其余15块均为双面雕刻。也有用13块雕版夹染的，17块版可以同时印16幅或32幅，13块版可以同时印12幅或24幅，根据不同的使用需要选择版数。

现在浙南夹缬为凸版雕刻，蓝地显白花；图案为方块形，以对称的构图为主，也有少量的不对称设计，如图3-23所示。民间常用夹缬布做包袱布、床单被面等，图3-24就是浙南夹缬被面，其由16幅图案组成。

图3-23　夹缬中的对称与不对称构图形式

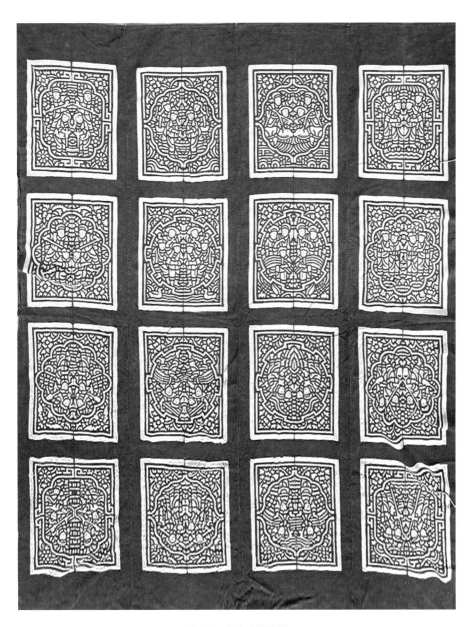

图3-24　浙南夹缬被面

三、彩印花布技艺

民间除了常见的蓝印花布外，还有彩色印花布。传统的彩印花布印花工艺有凸纹模版直接印花和镂空模版印花两种。

（1）凸纹模版直接印花：先将白布放在矾水中浸泡，然后拿到石板上捶练，捶练后布晾到七八分干，放在用鬃刷刷上紫色的凸纹花版上，用琉璃球在布面上反复磨擦，直至花版上的色彩均匀地印在布上，底纹印好后，根据图案的轮廓再用猪鬃笔蘸上所需色彩，填描上去，干后即成五彩的花布。这种凸版的彩印方法在中华人民共和国成立前民间还有使用，但因费时费工而逐渐消逝。

（2）镂空模版印花：现在民间彩色印花的主要方式，经过打版、画版、刻版，再把镂空的刻版平放在布上，然后调色、染布，一色一版，一次一次地把不同颜色的染料直接刷印在布面上。

民间传统彩印花布的工艺流程如图3-25所示。

（1）打版：一般用毛头纸、绘图纸、牛皮纸等韧性较大的纸张，在清水里浸泡平整，用糨糊裱三到四层，中间不能有气泡，然后晾干。

（2）画版（替版）：画版是指把新设计的花样画在纸板上。替版是指重新刻制原来的花版，替版只需要把老版放在新版上，用少许颜料就能复制出来。

（3）刻版：画版（替版）完成之后，用刻刀雕刻镂空版，一色一版，一般在5色以上，所以工序比较复杂。重复的单元只需要刻一块版，刷印时重复操作。刻版的手法非常讲究，是最考验工匠手艺的制作环节。刻完的版要用滑石打磨纸边毛刺，然后上桐油。先上一遍生油，再上三到四层的熟油，保证全部浸油，防止后续刷印时进水。

（4）调色：民间印花色彩一般用矿物染料和植物染料。山东的彩印花布有"七红八绿十二蓝"的说法，可见色彩之丰富。最常见的有大红、桃红、翠绿、草绿、紫、黄。民间印花调色主要依靠经验，并形成了一套配色规律。

（5）刷印：将脱过浆的棉布平整地铺在桌面上，将画版覆盖在上面，用长柄鬃刷蘸染料刷在画版镂空部分的布料上。一般先印轮廓版，然后再由浅入深地印花；也有先印底色再印花色的。套色之间对版要精准，一般色与色之间是空白，或是露底色，需要晕染时才会两色相接。每套色印完，画版都要晾干后才能印下一套色。印制完成悬空晾干，不可暴晒。

（a）画稿　　　　　　　　　　　　　（b）刻版

（c）刷色　　　　　　　　　　　　　（d）晾晒

图3-25　民间传统彩印花布的工艺流程

传统的彩印花布现在民间仍有生产，如河北魏县、山东临沂等。这些地区的彩印花布大多图案结构饱满，色彩艳丽，内容吉祥喜庆，具有浓郁的乡土气息。"喜见蒙山浓染黛，欣看沂水淡拖蓝""鹅黄鸭绿鸡冠紫，鹭白鸦青鹤顶红"，这是山东染坊老字号"义聚成"的对联，这些富有地方特色的对联，既是对丰富色彩的描写，也是对染坊的褒扬。彩印花布在民间常用作被面、帐沿、包袱布、门帘、衣料花布等。图3-26、图3-27为山东、河北民间的彩印花布。

图3-26　彩印花布（山东）

图3-27 彩印花布（河北魏县）

（李英华，霍连文.《魏县织染》，科学出版社，2010年.）

四、彩色拷花技艺

彩色拷花主要是浙江桐乡地区保留的民间传统印花工艺。因为中华人民共和国成立前以从德国进口的染料为主，所以也称洋拷花。彩色拷花是将调制好的色浆涂刷在覆盖镂空型纸的织物上，进行局部染色，从而形成花纹的工艺，既属于漏版直接印花，也属于刷印花。与山东彩印花布不同的是，彩色拷花一般印在土绢上，形成白底彩花，图案的造型主要用块面表现。彩色拷花布的生产主要分布在桐乡的石门、崇福、乌镇等城镇及周边地区，明清时期浙江地区非常流行，是婚俗中不可缺少的嫁妆。随着现代印染技术的发展，手工彩色拷花制品也变得罕见了，现在桐乡彩色拷花已被列入浙江省级非物质文化遗产。

彩色拷花工艺流程如图3-28所示。

（1）刻版：用油纸版雕刻花纹，一色一版。

（2）练布：将土织机上织出的土绢用碱水煮使其脱胶，再在胰酶水中浸泡，使其干后柔软。

（3）调色：过去主要用天然矿物和植物染料，如菊花、桑葚、蓝草等。现在民间用的基本上是化学染料。

（4）印花：将经过柔软处理的土绢拉平，固定在印花台上，一版一色流水印花。先印染底色花纹，再从浅到深，一色一版，最后印紫色，一

（a）刻版　　　　　　　　　　　　　　　（b）调色

（c）印花　　　　　　　　　　　　　　（d）高温蒸固色

图3-28　彩色拷花工艺流程

般没有黑色。运用涂染方法上色，方法有平涂法、飞白法、晕染法，涂染效果完全取决于染色师傅的上色技术。飞白与晕染的手法可以增加色彩的层次，使塑造的形体具有一定的立体感，常用在花瓣、叶子图案的颜色中。

（5）固色：将印好纹样的绢折叠卷扎包裹好，放到专门的木桶里，通过在灶上高温蒸的方式来达到固色的目的。加热过程中不能让蒸汽直接滴在染料上，以免影响色彩效果。

（6）晾晒：将固色处理过的印花绢晾晒。

目前桐乡地区还有几家染坊，海宁黄湾镇也有一户，都是以家庭作坊形式经营。拷花产品主要有结婚用的被面、婴儿包被的被面、包袱布（图3-29）等，过去当地农村女儿出嫁陪嫁的被面多达五六十条，需求量是相当大的，所以做拷花的染坊也很多。现在拷花产品仍是一些村镇婚俗的必备品，传统的婚俗仍然维系着传统拷花的生存空间。

图3-29　凤穿牡丹拷花方巾（浙江海宁）

五、捶草印花技艺

捶草印花是地域性较强的民间印花技艺，印染史中鲜有记载。捶草印花是指用可以染色的草叶，直接摆放在白色的土布上，通过木槌捶打，让草叶中的汁液渗透到布中，形成草叶形状的图案。这种古老的印染技艺相传起源于明清时期，流行于陕州地区，明清以来一直被当地村民用来制作衣服、被面、盖布、围巾等，这种技艺在民国初期失传。

现在经过河南陕州民间艺人朱秀云的潜心研究，捶草印花技艺恢复了从前的光彩。2011年，捶草印花技艺已被河南省文化厅批准为省级非物质文化遗产，这项全国独一无二、极具地域特色和艺术价值的印染技艺再次受到世人关注。

捶草印花的工艺流程如图3-30所示。

采草 → 摆草 → 捶草 → 固色 → 染色 → 晾晒

（1）采草：采用"芊棒棒草"（老鹳草）——豫西地区特有的野生植物，茎叶浆液丰富、具有染色功能、柔韧性好的植物。

（2）摆草：将土布铺展在平整的石头上，把采摘的新鲜的"芊棒棒草"摆放成自己喜欢的花型图案，夹在白棉布里。

（3）捶草：用棒槌敲打，草儿的汁液慢慢渗进棉布中，在布上形成草叶形状的白底绿花的图案，充满自然的韵味。

（4）固色：捶草直接得到的颜色不耐洗，所以要进行固色处理。固色液一般用石榴皮的汁液或者明矾水制成，用毛笔蘸上固色液描绘图案，经固色液涂过的色彩会变深，不再是鲜叶的嫩绿色。

（5）染色：捶草印花一般白底显花，如果需要其他底色的花布，固色之后，将布放置到调好颜色的染料锅里煮上十几分钟，这样就可以将白底色染成红色、蓝色或者紫色等各种所需的颜色，而先前捶打上去的草叶图案就成了黑色。至此，一块绿色环保、纯手工、纯天然的花布就印染好了。这种手工制作的花布质朴美观、不易褪色。

（a）芊棒棒草（老鹳草）

（c）固色

（b）捶草

（d）染色

图3-30　捶草印花工艺流程

现在的捶草印花有了更多的植物可以选择，如玫瑰花瓣等。花形上也不单纯是老鹳草的叶脉造型，而是结合了更多的剪纸纹样形式，将植物的花叶包在布中，放在剪纸纹样的镂空版上捶打，植物的汁通过镂空处渗到下面的棉布上，剪纸的纹样就变成了捶草印花的纹样。图3-31中的纹样是直接捶打花叶形成的，所以可以清晰地看出植物叶子和花瓣的造型；图3-32则是结合剪纸的形式。

图3-31　捶草印花（摄于陕州地坑院）　　　　图3-32　捶草印花（摄于秀云民间艺术馆）

六、香云纱染色技艺

香云纱是民间的特色染品种，又名"莨纱"，把绞纱组织的坯绸——提花网眼丝织物，用植物薯莨的汁液浸泡，再用珠三角地区的富含多种矿物质的河里的淤泥覆盖，并经过晒莨工艺处理而成的纱绸制品。《广东省志·丝绸志》中描述：因用莨纱所制衣，穿着行动时沙沙作响而称为"响云纱"，后又取之谐音，称为"香云纱"。

沈括《梦溪笔谈·药议》："今赭魁（薯莨）南中极多，……有汁赤如赭。"清代方以智《地理小识》记载："此物名薯莨，藤似山药，结实如小瓜，以之染葛作汗衫，则不近肤而爽。"用薯莨涂浸过的丝织物，挺括、凉爽、易洗易干、不怕水、不贴身，而且薯莨根茎榨出的汁液具有杀菌防腐的功效，因此成为夏季服装常用的良品。

香云纱的染色工艺历史悠久，1931年广州市郊大刀山出土的一块晋朝太宁二年的麻布，就是用薯莨染整的一面红、一面褐的麻织物，说明当时已有了薯莨的染色工艺。

香云纱的染色工艺流程如图3-33所示。

（1）坯绸精练：选优质白坯绸，精练以去除丝胶及所附杂质，从而具有良好的吸水性。

（2）浸莨水、晒莨：将白坯绸放进新鲜压榨出来的薯莨汁液里浸泡半天，正面朝上摊在草地上，曝晒至干。

（3）薯莨汁扫色、晾晒：在晒莨的坯绸上面均匀涂抹薯莨汁，晒干，反复扫晒数次。

（4）煮练、洗晒：也叫煮绸，将坯绸浸薯莨液中煮，然后洗晒，要反复煮洗晒多次。

（5）过泥：也叫过乌，就是将含有硫酸亚铁的河泥浆涂刷在坯绸的正面，要求涂刷均匀。这一操作需在夜间进行，并于天亮前完成，以免因阳光照射染黑底面。经过这个媒染的过程，待正面变成乌黑色，背面呈棕色，进入下一个环节。

（6）洗涤：在河水里将泥浆清洗掉，正面摊在草地上，晒干。

（7）摊雾：在一个有雾的清晨把半成品的香云纱平摊在饱含露珠的草地上，让薯莨与河泥的有效成分在晨露的滋润下充分渗透使坯绸柔软。

（8）拉幅：拉平整晾晒。

完成香云纱的染整，许多环节要重复多次。只有完成了"三洗九煮十八晒"数十道工序，前后历时数月，香云纱染整工艺才算完成。

（a）薯莨榨汁染色

（b）过泥

（c）晾晒

（d）洗涤

图3-33　香云纱的染色工艺流程

香云纱染色工艺需要几个条件，一是要有用于晒布的宽广草地；二是要临近河流，便于汲水和洗布，以及获得染色必不可少的河泥，因为单染薯莨，面料的色彩是红褐色的，只有涂刷过河泥的那一面才会变成褐色；三是香云纱的染色要靠日晒，日晒越强，生产就越顺利。所以香云纱的染色依赖于自然条件与天气，从一定程度上可以说香云纱是靠天吃饭的行业。

香云纱被誉为"岭南瑰宝"，是珠江三角洲最负盛名的纺织品，也是世界纺织品中唯一用纯植物染料染色的丝绸面料，被纺织界誉为"软黄金"。历史上香云纱最鼎盛的时期是20世纪20年代、20世纪30～90年代，在这两个时期香云纱是我国传统的创汇产品。

　　2011年《南方日报》报道："目前加工的都还只局限于莨绸面料，但其中真正的'薄如蝉翼'、通而不透的'香云纱'生产技术已经失传。"❶由于晒莨工艺的独特，加之莨纱制作工艺的消失，20世纪90年代后，商家把后期经过晒莨的丝织物统称为"香云纱"。可喜的是2014年广东西樵，以张绍锦为代表的张氏四兄弟历时两年，经过百余次试验重组，将消失了30年的香云纱织造技术重新恢复。❷由于香云纱的织造工艺复杂，每人每日只能织7米，属于低产高能的产品，所以现在市场上的香云纱大部分还是莨绸（图3-34），是平纹的丝织物经过晒莨处理的。

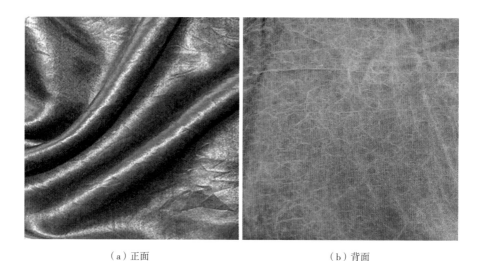

（a）正面　　　　　　　　　　　　　　　（b）背面

图3-34　现代莨绸

❶ 张培发. 规模化不能忽视精品化——香云纱开发应冲击产业高端[N]. 南方日报，2009-4-3.

❷ 尹俊媚. 坚持传承，赋予香云纱新的生命[E]. 百家号信息平台，2017-9-8.

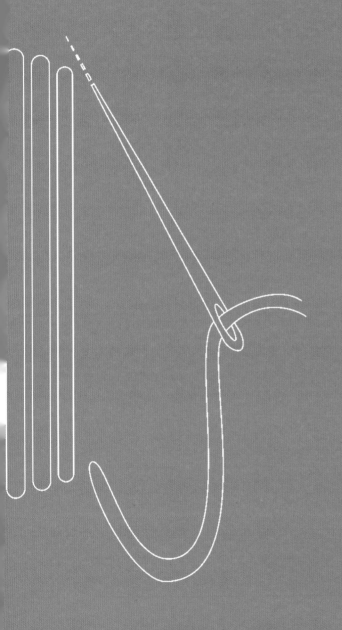

第四章

汉族民间纺织品刺绣技艺

第一节　民间刺绣的概述

　　刺绣，俗称"绣花"，古代称"黹〔zhǐ〕""针黹"，是中国民间传统手工艺之一，指在纺织品上通过运针，使各色丝线在面料上有序组织形成花纹的一种技艺，是面料装饰的一种重要手段。据《尚书》记载，4000多年前的章服制度，就规定"衣画而裳绣"，到周代，有"绣绘共职"的记载。可见当时刺绣的用途是通过装饰衣服来表征等级地位的。刺绣首先出现在统治阶层的服装中，后来逐渐普及到民间，并运用到生活方方面面的纺织品中。因刺绣多为妇女所作，且是民间女子体现心灵手巧的技能之一，故又称"女红"。

　　民间刺绣是相对于宫廷刺绣而言的，大多出自民间女子之手，刺绣的物品以满足民间生活所需为主。刺绣这项女子生活中必须掌握的技能，在各地不同的生活、民俗文化的环境中形成了各异的刺绣风格。民间绣品的用途可以分两类，一类是用于欣赏的装饰品，主要有屏风、台屏、挂屏、条幅等；另一类是民间的实用品，主要用于枕套、被面、床帏、肚兜、童帽、鞋垫、荷包、服装等。民间的刺绣因绣制者与绣制目的的不同，也可分两个类别：一是富家闺秀陶冶情操的闺阁绣，丁佩《绣谱》中讲绣工作为女红技艺之一，"闺阃之间，藉以陶淑性情者，莫善于此。以其能使好动者静，好言者默，因之戒慵惰，息纷纭，一志凝神，潜心玩理。"对于闺阁中的女子，刺绣是培养性情，修炼女德的一种手段，也是打发时间的好方法，所以这类刺绣以欣赏为主要目的，精益求精，常用作室内的装饰陈设或礼尚往来的礼品；二是劳动妇女满足生活需求的具有乡土气息的民间日用刺绣，这种刺绣是以"用"为前提的情感寄托。事实上生活用品上的刺绣更能代表广泛的民间刺绣的特色。

一、地方名绣

　　地方名绣是在民间刺绣的沃土中逐渐发展起来的具有明显特色的刺绣品种。江苏、湖南、广东、四川等地区，受地理气候环境的影响，桑蚕丝织业发达，为刺绣技艺的发展提供了很好的条件；另外，这些地区的人文环境对刺绣也产生了很大影响，使刺绣的风格带有了文人画的气息。可以说，这些地区的刺绣起点高、基础好。著名的苏绣、湘绣、粤绣、蜀绣四大名绣都出自这些地区。此外还有京绣、汴绣等主要分布在古代都城附近的地方名绣，刺绣风格受宫廷绣的影响较多，从题材到风格都透着富丽高贵的气质。

地方名绣大多是通过各地刺绣名师，给富家女子传授技艺的形式来传承，学习的人都有较好的文学艺术修养，为这些闺阁里的刺绣打上了文人、贵族的印记。同时闺阁里的刺绣也会成为周边地区民间艺人学习的范本，对地方民间刺绣产生影响。所以说地方名绣无论在刺绣技艺，还是在艺术造诣上都代表着民间刺绣的最高水平。

地方名绣以城市为中心扩散传播影响力，四大名绣就是以城市为中心逐渐发展而闻名的。

（一）苏绣

苏绣是指以苏州为中心以及周边地区刺绣的总称。它还包括上海的顾绣、南通的沈绣、无锡的锡绣等分支。苏州地区是丝绸的故乡，苏绣的历史也有两千多年，宋代就有绣衣坊、绣花弄、绲绣坊、绣线巷等集中生产的坊巷。苏绣的题材广泛、形态传神、图案秀丽典雅，绣工精巧、针法灵活多样，常用的针法就有四十多种，素以精细、雅洁著称。丁佩在《绣谱》中总结了刺绣过程讲究"齐、光、平、匀、细、顺、密"。"绣近于文，可以文品之高下衡之；绣通于画，可以画理之浅深评之。"闺阁绣的文人画特征在苏绣中得到充分的体现。

（二）粤绣

粤绣包括广绣和潮绣，主要指广东地区以广州和潮州为中心的刺绣流派。粤绣的色线品种多，除常用的丝线外，还用孔雀羽、马尾等。屈大均《广东新语》、朱启钤《存素堂丝绣录》中描述：粤绣有用孔雀羽编线为绣，使绣品金翠夺目；又有用马尾毛缠绒作勒线，使勾勒技法得到更好的表现。粤绣的用色富丽明快，对比强烈，留水路❶的技法运用特色明显，所以整体装饰风格突出。唐代粤绣就远销海外，清代广州还有了专门经营刺绣出口的洋行。古代广州、潮州地区家家户户都会纺织刺绣，而男子绣工技艺尤为精湛，这也是粤绣比较特别的地方。粤绣的传统题材中，绒绣以"百鸟朝凤""孔

---

❶ 水路：相邻的刺绣色块之间，留出相等距离，使绣面形成均匀的空白线条，水路要求齐、匀。

雀""博古"等见长，金银线绣以龙凤为主。

现代广州民间婚俗中流行的金银线婚嫁裙褂，就是传统钉金绣与裙褂制作相结合的表现，保留了传统广绣的针法，形成了独特的钉金绣裙褂技艺。

（三）湘绣

湘绣是以湖南长沙为中心的带有鲜明湘楚文化特色的刺绣流派，西汉时期，刺绣工艺已相当发达。后来又受苏绣和粤绣的影响，形成了独具特色的地方名绣。清末，绣工胡莲仙自幼在苏州吴县习苏绣、通绘画，后移居长沙。其子吴汉臣在长沙开设第一家"吴彩霞绣坊"，自绣自销，其绣品精良，流传各地，湘绣从而闻名全国，同时，也标志着湘绣市场化道路的开始。湘绣擘丝技术极为精细，用这种细工绣出的绣品又被称为"羊毛细绣"。湘绣强调写实，设色鲜艳，光泽胜于发丝，形象质朴而生动，题材有狮、虎、松鼠等，以虎最为常见。根据用途的不同，湘绣常用硬缎（素库缎）、软缎、透明真丝等为绣地，来制作精品、普通绣品、双面绣等。

（四）蜀绣

蜀绣又称"川绣"，是以四川成都地区为中心的刺绣流派。蜀绣的历史可以追溯到古蜀三星堆文明，早在西汉扬雄《蜀都赋》中就有关于绣的描写："丽靡螭烛，若挥锦布绣，望芒兮无幅。"东晋常璩在《华阳国志·蜀志》中将刺绣列为蜀地的名产。蜀绣于民间流行，在家庭中代代相传，也成为农村家庭的重要副业。清道光年间，蜀绣已形成规模，成都市内有很多绣花铺。清代之后，蜀绣呈现出民间日用绣与闺阁绣的不同用途。蜀绣以软缎和彩丝为主要原料，在后来的发展中，蜀绣针法多达一百多种。题材内容主要有山水人物、花鸟鱼虫等，尤以芙蓉、鲤鱼、熊猫见长。蜀绣形象生动，色彩鲜艳，富有立体感，短针细密，片线光亮，变化丰富，具有浓厚的地方特色。

四大名绣是在清代被确立，并得到公认的，虽然它们的历史都更为悠久。它们也是经国务院批准第一批被录入国家级非物质文化遗产名录的非遗文化。之后有汴绣、瓯绣、汉绣、京绣等地方绣种也被录入国家级非遗名录。这些地方名绣是民间刺绣高超技艺的典型代表，有完整清晰的传承脉络，并具有鲜明的特色。

二、地方民间绣活

刺绣作为过去民间劳动妇女生活必备技能，更广泛地流行于农村，这种技能通过口口相传，母教女习的方式传承。与地方名绣相比，地方民间刺绣没有闺阁绣的文人气质，也没有宫廷绣的贵族气质，这种刺绣的产生更多的是自给自足的生活需要。地方民间绣活作为民间艺术毫无做作地与生活、民俗联结在一起，有着深厚的民间基础与独特风格，随着传统的习俗世代流传。地方民间绣活是民俗土壤里长出的清新绚丽的花朵，带着泥土的气息。因为民俗文化、地理环境的不同，散发着不同的芬芳。

（一）黄土高原上的民间刺绣

黄土高原是指以陕北为中心，包括与其相邻的甘肃、山西、宁夏等地处黄土高原的特定区域，位于中华文明的摇篮——黄河中游，是一个相对封闭的区域，保持着浓厚的中土文化的特点，有较原始的宗教信仰习惯和民情风俗，并形成了自己独具特色的刺绣风格。

黄土高原上的民间刺绣表现内容自由随意，造型形态夸张、天然成趣，充满生机，极具创造力。如"老虎鞋""老虎帽""布老虎"等憨态可掬的老虎形象，高度概括提炼，又极具夸张的想象力，洋溢着无限的稚趣和美感。

色彩运用大胆粗犷、简洁明快、质朴自然。常用大红大绿、大蓝大黑等颜色作为底色，而用淡雅的颜色绣纹样，使色彩形成鲜明的对比，在对比中求得颜色的和谐，充满热情和活力，具有鲜明的地方特色。

黄土高原上的民间刺绣与民俗活动、婚嫁习俗等紧密相连，绣品、工艺也随传统习俗世代相传，流传至今。女子婚前要为自己绣嫁衣、为心上人绣荷包，婚后为小孩绣肚兜鞋帽，她们为生活绣、为礼仪习俗绣、为憧憬未来绣。在众多的民间服饰刺绣中，孩童、妇女服饰占据了很大比例。背心、兜肚、围裙、腰带、云肩、帽、冠、围嘴、鞋、靴、鞋垫、袜底根据不同的装饰对象，施之于不同的装饰内容。

刺绣的生活用品有枕顶、耳枕、褡裢、信插、钱包、针包、玩具、门帘、坐垫、桌布、荷包和香包等，都是乡村巧妇们施展才能，流彩抒情的地方。她们描龙绘凤、画山绣水，飞禽走兽、花鸟鱼虫、历史典故、神话传说都是她们创作的题材。

针法上多种多样，平绣、锁绣、打籽绣、盘金绣、挑花等都是常见的手法。施针用线不拘一格，或精工细作，或粗犷豪放，随心所欲，边绣边配，随意为之。根据所要表现的内容，使用不同的针法，形成许多不同风格的绣品。

黄土高原上单调的农耕劳作环境造就他们奔放热情的率真个性，创造了淳朴、热烈的刺绣风格，并且各地还有各地的特色。

甘肃的民间刺绣以庆阳正宁地区最具代表性。庆阳的刺绣纹样形象质朴厚重，仍然蕴藏着原始神秘的力量。庆阳刺绣多采用平针绣、锁绣、挑花，还有颇具地方特色的补绣，色彩层次分明、对比强烈、鲜艳明快。正宁刺绣已被录入第四批甘肃省非物质文化遗产代表性项目名录。

陕西民间刺绣历史悠久，具有广泛的民间基础。千阳县是中国民间艺术刺绣之乡，过去刺绣是女子必修的女红，可以满足生活的需要和精神的寄托，现在刺绣是千阳女子致富的途径，重要的经济来源，进入市场的刺绣主要是装饰品、玩具和实用小件，如十二生肖串、布老虎、虎头鞋等。另外，陕北、关中、陕南民间绣品、布品也是琳琅满目。

山西民间刺绣遍及各地，以忻州、晋南最为突出，千年的传承，不断的创新，形成自己的风格和完整的体系，这里的刺绣纹样构图严谨，色彩鲜艳，针法多样。以服饰、生活用品的刺绣尤为突出。

山西的西秦刺绣布艺、澄城刺绣、山西高平刺绣作为特色的民间绣活已被列入国家级非物质文化遗产。

（二）中原地区（河南）民间刺绣

中原是以河南为核心的黄河中下游地区，中原在古代不仅是中国的政治、经济中心，也是主流文化和主导文化的发源地，是中华文明的摇篮。

以河南为代表的中原地区的民间刺绣又以河南的灵宝、安阳、顺店等地区的刺绣最具特色。刺绣纹样通常取材于生活，造型夸张概括，具有质朴的乡土气息与强烈的趣味性；以平绣、贴布绣、盘金绣、挑花绣、锁绣的传统技法为主；由于受工艺、材料等方面的制约，多采用简洁明快的造型，色彩鲜艳明确、对比强烈。

河南灵宝地区，在一些鞋垫和袜底的刺绣中，常采用"挖补绣"的刺绣技法，以白色为底色，配黑色和青色的镂空纹样，镂空处再填以鲜艳的各种布料，这种绣法在稳重的黑色纹样中衬托出色彩鲜艳的图案，使图案的色彩明快的同时显现出主体内容的丰富性。

中原地区的民间刺绣不单单是强调视觉上的欣赏功能，同时也是刺绣者与受用者进行感情交流的语言，运用各种不同寓意的吉祥图案来传递美好的祝愿和对生活的向往，体现了当地民众深层次的心理审美需求。

（三）山东民间刺绣

山东位于黄河下游，又是古运河的故道，历史文化底蕴深厚，民间艺术源远流长。汉代王充在《论衡》中记载："齐郡世刺绣，恒女无不能"。说明刺绣在当时当地已相当普及。刺绣在山东民间是女子的必修功业，一生不辍，除了自绣自用外，刺绣还是一种家庭副业。

山东刺绣以潍城刺绣为代表。清末民初，山东潍县刺绣作坊就有三十余家，绣工遍及潍城四乡。所以，潍县素有"九千绣花女"之誉。《潍县志》记载："潍县绣花初仅作堂地装饰之用，如套袖、裙子、枕顶等类，嗣后技术日精，凡围屏、喜帐、戏衣等皆能绣制，其优美胜于南绣。"山东烟台的绒线绣是山东刺绣的又一特色，就是用绒线在特制的网眼麻布上纳绣。

山东民间刺绣广泛运用于服装，尤其是婚服，凤冠、云肩、小领、裙带都有精美的刺绣；生活中的日用小件，如烟袋、镜套、枕顶等也是用刺绣装饰；小孩的服饰用品更是少不了刺绣，刺绣的纹样是寄托情思的重要媒介。绣品中虎的形象普遍使用，尤其是儿童用品中，如虎头帽、虎头鞋、虎枕、虎香囊，还有虎头暖袖、虎头襟子等，大概是希望借虎威辟邪，祝愿小孩长得像虎一般壮实。另外，胶东、临沂的荷包也是山东的特色刺绣品种。

山东的刺绣善于以黑、白为底，衬托大红大绿的高纯度色彩，配色明快，鲜艳热烈，具有明显的地方特色。山东刺绣常用的针法有盘金绣、打籽绣、套针、平针、锁边绣等。这里的丝绣、挑花、纳绣割绒等工艺至今盛行于民间。

（四）湖北民间刺绣

湖北位于长江中游，是楚文化的发源地，楚文化以其想象奇异丰富，浪漫、灵动、热烈的风格而独树一帜。考古实物证明了战国时期楚地的刺绣工艺水平，而且是宫廷的、贵族的。民间刺绣的发展在这样的文化传统与氛围中也具有了原汁原味的楚文化风格。

湖北素有"无女不绣花"的说法。女子十二三岁就开始跟母亲、祖母学习刺绣，审美情趣自成体系，她们的绣品常用作服饰与居室饰品。

武汉、沙市一带的"汉绣"，针法以少胜多，刺绣以平针、打籽针为主，造型夸张，色彩明快，对比强烈，风格活泼热闹。

湖北的挑花最有群众基础，以黄梅的挑花最具盛名，民间有"黄梅有女皆挑花"的说法。挑花被广泛运用于被面、床单、门帘、头巾、袜底等，极具装饰性。

阳新的布贴绣是湖北民间刺绣的又一特色，用各种布边角余料拼成图案，并用绣线锁于衣物上，形成装饰纹样。阳新的布贴绣题材传统、色彩浓烈、造型执着而富有想象力，纹样的构成自由浪漫。

红安刺绣鞋垫是地道的民间绣品，它的图案造型夸张生动，用色大胆，且题材广泛，被誉为"无声的诗歌"。红安刺绣鞋垫都出自民间女子之手，一般作为定情的信物和出嫁的礼品，也可作为其他喜庆场合的馈赠之礼。

湖北的汉绣、黄梅的挑花、阳新的补贴绣，以及红安的绣活因各具特色，以及在文化传承中的地位，都已被列入了国家级非物质文化遗产名录。

三、民间刺绣传承的原因

刺绣自产生到现在已有几千年，在这样悠长的历史长河里，上至朝廷，下至百姓，刺绣能代代相传，经久不衰，不是没有缘由的。

（一）刺绣是传统社会中妇德的体现

传统农耕社会中刺绣是女红的重要内容，是妇德的考量因素。"三纲五常""三从四德"成为小农经济体制下，妇女人格实现的核心准则，班昭的《女诫》中有对女德的规范："女有四行，一曰妇德，二曰妇言，三曰妇容，四曰妇功。"对女子的德行、言语、仪容和纺织劳作技艺都提出了要求，并成为女子必须自觉遵守的行为规范。从村妇到闺秀，刺绣成为她们大部分生活的内容。"心灵手巧"是对女子的最好赞誉，而手巧的考量主要就是绣活。民间很多地区，婚俗中新娘子到婆家要带好多自己做的刺绣小件，如扇囊、荷包、针扎、钱袋等，分发婆家的小叔、小姑等亲人，俗称"看针线"，其实看的就是"妇功"。传统的观念不变，刺绣在民间经久不衰。

（二）刺绣是美化生活的手段、家庭副业的一部分

刺绣作为实用性的技艺具有美化日常生活的作用，同时也是平常人家贴补家用的经济来源。绣活作为一种经济来源，古来有之。《管子·轻重甲》中就有"伊尹以薄之游女工文绣纂组，一纯得粟百钟于桀之国。"女子以刺绣为副业，到周边市场来换取生活所需，维持生计。明清时期，民间个体绣坊已很普遍，尤其是在桑蚕业发达的地区。以苏州为例，清代苏绣已成行业，出

现了刺绣行会，绣衣坊、绣衣弄、绣线巷生意兴隆，商品绣得到很大的发展。四大名绣也因各自的特色，在这个时期确立，盛极一时，并远销海外。刺绣作为一项家庭副业的手工技艺世代相传是生活的需要。

（三）刺绣是女子传递情感的媒介

"男主外，女主内"的生活模式，妇德的行为规范，使女子在有限的生活空间内也比较内敛与含蓄。情感需要一个表达、传递的渠道，刺绣作为妇德的体现，成了传递情感的媒介。绣个荷包送情郎，绣个肚兜给孩子，绣扇套、暖耳，绣床帘、枕顶，送长辈，送亲友等，一针一线都是爱的表达。在这些绣品的传递过程中，人与人的关系也更加密切了。从某种程度上说，刺绣也是一种语言，是情感的表达方式。只要有表达的需求，语言就能代代传承。

（四）刺绣是女子在艺术领域表现创造力的方式

前面讲到刺绣分为服务于生活的日用绣和欣赏类的闺阁绣。尤其是闺阁绣开辟了女性的艺术创作空间，使刺绣能与书画相媲美。艺术领域的刺绣技艺精湛，精美绝伦。历代的刺绣名家留下了很多有落款的传世之作。如明代的韩希孟——顾绣的代表人物；清末民初的沈寿——仿真绣的代表人物。她们有很好的艺术修养，不需要被生计所累，有大量的时间潜心钻研，不断创新，使刺绣在艺术领域占有了一席之地，充分地发挥了刺绣的表现力，展示了女性的创造力。这种力量是刺绣代代传承与不断创新的动力。

第二节　民间刺绣的工具与材料

民间刺绣施于纺织品形成装饰纹样，不同于提花与印花的工艺，不需要织机、漏版、染缸等复杂的设备工具，只需要针、线、绣地等基本的工具和材料（图4-1），相对于其他工艺，操作更加简便自由，随时随地可以进行。针很小，线很细，针法的基本单元很简单，然而操作者却能千变万化，通过有序的针法，表现各种不同的图案，也因此形成了更多的变化与风格。

图4-1　刺绣的工具材料

（1）针、剪，刺绣最重要的工具。刺绣的线迹和图案的细腻程度与针的粗细有着直接的关系。根据刺绣用途、绣线、绣地的不同，针可以分为绣花针、毛线针、十字绣针、串珠针等，以适应各种不同的需要。剪是用来断线的，所以要锋利，《雪宦绣谱》中讲"剪宜小，宜密锋，宜锐刃"。

（2）线，刺绣的最基本最关键的材料。有动物纤维的线，如丝线，孔雀羽线；植物纤维的线，如棉线；金属合成的线，如金银丝线。

丝线：一般为蚕丝线，这种线材质纤细、柔韧、色彩斑斓且光泽度好。刺绣用的丝线分为加捻和不加捻两种。不加捻的叫绒丝，刺绣用的绒丝，一般需要劈线。《雪宦绣谱》中讲："凡线大约三十根。凡一根必两绒，劈时分两绒。"其中一绒还可以劈八丝。常用于丝绸服装和画绣中。

孔雀羽线：刺绣中还会用动物毛加在绣线中，如加入孔雀羽线，变幻的蓝绿色光泽剔透，可以增加绣面的装饰效果。明末清初，屈大均《广东新语》中描述："有以孔雀毛绩为线缕，以绣谱子及云肩袖口，金翠夺目，亦可爱，其毛多买于番舶，毛曰珠毛，盖孔雀之尾也。"《红楼梦》中也有晴雯抱病为宝玉织补孔雀大氅，用的就是孔雀羽线。

棉线：棉纤维制成的线，民间刺绣的常用材料，棉线的色彩也比较丰富，多见于耐用的实用品、玩具中。例如，民间的挑花用的就是棉线。

金银线：金线一般是用丝线或棉纱为芯，再用金箔与其捻合在一起制成。一般用于富贵人家的衣饰。

（3）绣地，刺绣用的底料。如果把刺绣比作绘画，针就好比笔，线好比颜料，绣地就好比绘画的纸。丁佩《绣谱》中讲："刺绣以缎为最，绫次之，绸、绢又其次也。"民间刺绣的绣地除了丝织品，还有棉织品。绣地的选择取决于绣品的用途和刺绣的题材，绣线、绣地、工艺要相适应，丝线配丝绸地，棉线配棉布地。绣地不同，绣线的粗细不同，所施针法也就不同，最终的效果也就不同。

（4）绣绷、绣架，好比画画的画板与画架。刺绣绷架的作用是使绣地"极正极平"，然后绣线与绣地才能相匀适，绣完后绣面才能平整。《雪宧绣谱》中"绣备"一节中讲"绷制有三"，大绷、中绷和小绷，用于不同大小的绣地。"大绷有广至丈者"一般不常用。小绷"谓之手绷"，不用支架，绣绷直接拿在手上，一手拿绷，一手拿针，就可以进行刺绣了。架，用于支撑绣绷的木架，《雪

图4-2　绣绷与绣架

宧绣谱》中对绣架的造型尺寸也有详细的描述"绷架三足。外二内一，高二尺七寸""横距一尺二寸""架面纵长二尺一寸，广三寸厚八分"等，这样的绷架一直沿用至今。如图4-2就是民间常用的绣绷和绣架的样式。

第三节　民间刺绣的常见针法

针法是刺绣图案形成的基本要素，是刺绣的核心。不同的针法具有不同的表现力与装饰性，具有区别于其他纺织图案工艺手法的色泽感、空间感与质感，色线的凸起，底料的凹陷，针脚的纹理形成独特的艺术效果。不同的绣线、不同的针法创造了丰富的刺绣形式与视觉效果。刺绣的针法也经历了由简到繁的发展过程。众多的针法大致可以分为直针类、锁针类、钉线类、编织类，以及拼布贴布类等类型。每个类别又可以演变出更多不同的针法，加上不同类别针法的互相渗透变化出的针法，以及工具辅助创造出的针法，变化出的针法可以说是不计其数。从时间上来说，越是接近现代的纺织品，刺绣上出现的针法就越多越复杂。比如乱针绣就是现代出现的一种针法，其

用针就是受到印象派绘画中色彩笔触的启发，改变了传统刺绣追求齐顺的工艺要求而创新出来的。这里主要介绍民间纺织品上常用的针法。

一、直针

直针，又叫平针，是指绣针运线在绣地上一出一入，形成线段的针法（图4-3）。直针有长直针、短直针之分。直针的运用最常见的是起落针在纹样的边缘，绣线平行紧密排列，针脚排列整齐均匀，不交叉，不露底。目前发现的最早的平针满绣是马王堆汉墓出土的。这种直针满绣不适宜大面积色块的图案，一般用于填绣花朵、小叶。

直针是刺绣最基本的针法之一，在此基础上变化线的长短、排列方向、出入针的位置顺序，以及绣线的色彩，可以得到不同的视觉效果，也因此发展出更多的变化的针法。比如绗针就是短直针的线形排列针法；齐针是整齐，不露底，没有疏密长短变化的排列针法（图4-4）；戗针是用短直针顺着形态的势态，后针继前针，一批一批戗上去的针法；套针是前批色线与后批色线针脚相互错开，形成色彩上层层覆盖的视觉效果；还有松针、滚针、人字针等（图4-5）。

不同的针法又有不同的用处。比如绗针可以表现单纯的轮廓造型，齐针可以均匀铺色，松针可以表现松叶的造型，人字针可以表现树叶，套针可以表现色彩的渐变效果等。图4-6就是从民间服饰的纹样中截取的一些刺绣局部，可以看出直针不同的排列变化而形成的不同视觉效果。

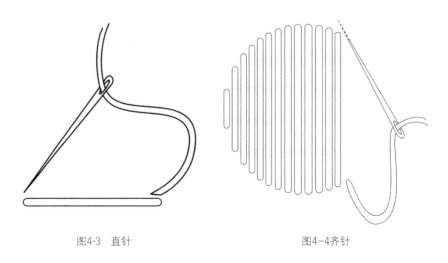

图4-3　直针　　　　　　　　　　　　　　图4-4齐针

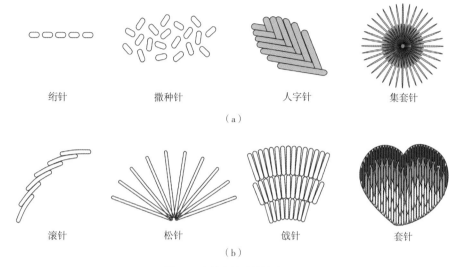

绗针　　　　　　撒种针　　　　　　人字针　　　　　　集套针

（a）

滚针　　　　　　松针　　　　　　戗针　　　　　　套针

（b）

图4-5　直针为基础的针法图示

图4-6　直针及其变化针法的实例

第四章　汉族民间纺织品刺绣技艺

二、打籽针

打籽针，民间刺绣中常见的针法。与直针不同，打籽针是把针引到绣地的正面，用线在针上绕两三圈，针再从起针处穿到绣地背面，收紧线圈，正面形成一个结。绕在针上的线圈可多可少，绕的多形成的结就大，绕的少结就小（图4-7）。实际运用中一般都是相同大小的结的排列，结密排，可形成线，也可形成面，这种针法使绣面立体感强，绣出的图案秩序紧凑，肌理装饰效果突出，加上绣线色彩的变化，其效果更有层次，这种针法可用于花蕊，也可用于花卉等图案（图4-8）。

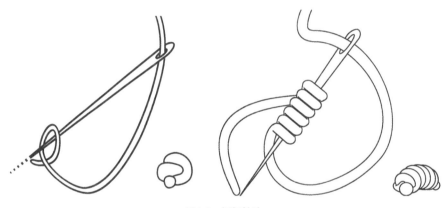

图4-7　打籽针法

图4-8　荷包上的打籽针（中国丝绸博物馆收藏）

三、锁针（辫子针）

锁针，我国最古老的刺绣针法之一。马王堆汉墓出土的大量刺绣物品中就有大量的锁绣的针法。由绣线环圈，一针套一针，连环不断犹如辫状，故又称"辫子绣"（图4-9）。这种针法缜密整齐，肌理清晰，很有表现力。这种古老的针法，自商代出现之后，一直沿用至今。图4-10是马王堆汉墓出土的绣品局部，是通过锁绣的紧密排列形成的图案；图4-11肚兜上的锁绣则是用来表现图案的轮廓。

图4-9 锁针针法

图4-10 锁绣（马王堆汉墓出土）

图4-11 肚兜上的锁绣（陕西）

四、拉锁针

拉锁针又叫绕针、挽针等。一般用两根针和两根线，一根线用回针运线，形成短而连续的针脚；另一根线在绣面回针上有规律地绕行、拉紧（图4-12）。如果绕的线比较粗，可以边绕线边回针固定。这种针法比辫子针更加立体，更有表现力，是民间服饰用品上常见的一种针法。这种针法可以用来表现线条（图4-13），将线条密集排列就可以表现块面。

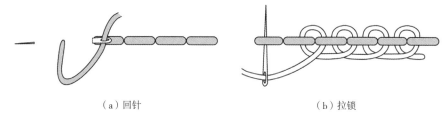

（a）回针　　　　　　　　　　　　　（b）拉锁

图4-12　拉锁针步骤

图4-13　围腰（山西）

五、锁边针

　　锁边针主要用于边缘的处理，起到修饰边缘的作用，也用于处理毛边。图4-14（a）中的锁边针法是被公认的最普遍的针法，也是锁针的一种衍生针法。在民间的绣品中，还有一种边饰的针法也比较常见，如图4-14（b）所示，运针的方式有点类似于平常翘边的三角针，常见于肚兜边缘的修饰，这里将此种针法归类到锁边针。图4-15是锁边针法的运用，在实际运用中锁边针可以由密度的变化而产生不同的效果。

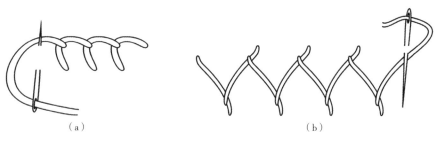

（a）　　　　　　　　　　　　　　　（b）

图4-14　锁边针

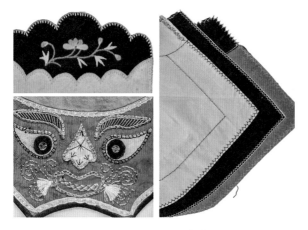

图4-15 民间纺织品中的锁边针

六、戳纱

戳纱是纱绣的一种，是苏绣的传统针法，又叫"穿纱"（图4-16），北方把这种针法称"纳纱"，也叫"纳绣"。戳纱与纳绣针法相似，其实又有些许区别，纳绣是不留地的满绣（图4-17），戳纱是留地不绣满（图4-18）。以细小网格的素纱为绣地，用彩色丝线按网格有序出针——用长短不一的线条，通过针脚横、直、竖的有规律的排列形成各种丰富的纹样。纹样间的空眼要对齐，纱眼清晰，四周留有余地。戳纱工艺表现的图案装饰效果比较明显。南通的彩锦绣就是在这种技法的基础上发展而来的（图4-19）。

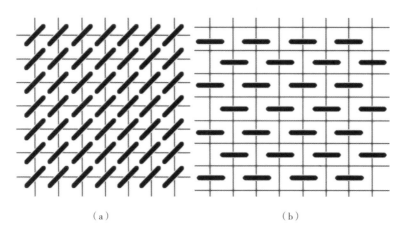

（a）　　　　　　　　　　　　（b）

图4-16 戳纱针法

图4-17　纳绣（南通博物苑收藏）

图4-18　戳纱扇袋（中国丝绸博物馆收藏）

图4-19　彩锦绣（王建华制）

七、挑花

　　民间挑花一般用粗棉、麻土布经纬交织清晰的织物为绣面，以经纬线为骨架，在经纬交织点上施针，运针时一针可以穿过两个布眼，所以不用绣绷绣架，也不用画稿或打样，操作十分灵活。挑绣有十字针法与一字针法，另外还有空针、牵针、双面针，其中以十字挑花最为常见。挑花绣出的纹样效果致密牢固。由于挑花是严格根据布面经纬的规律来施针，所以满地的挑花就像织锦图案被织出来一般（图4-20）。

由于挑花行针的浮线短，不挂丝，可以增加面料的牢度，起到保护面料免受磨损的作用，因此挑花在各地都有流传（图4-21、图4-22）。湖北的黄梅挑花（图4-23）、安徽的望江挑花、江苏的兴化挑花、上海的罗泾挑花，还有陕西、湖南、中原地区（图4-24）等都有挑花的传承。挑花的图案，无论是抽象的，还是具象的，都以几何造型为特色，这是由针法决定的。

挑花和纳绣都是依据经纬刺绣的。同样的直针排列，与自由刺绣不同的是它们的出入针都是根据织物的经纬交织关系来组织线迹的，所以形象上会有平面化、几何化的特征，装饰风格突出。

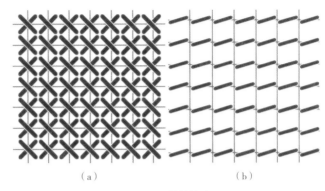

（a）　　　　　　　　　（b）

图4-20　挑花针法

图4-21　挑花围嘴（浙江）

图4-22　挑花围嘴（江苏）

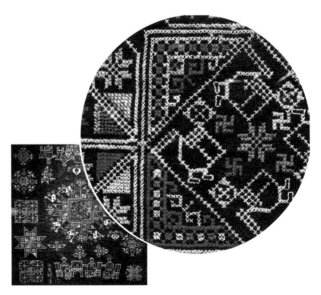

图4-23　湖北黄梅挑花方巾（中国妇女儿童博物馆）

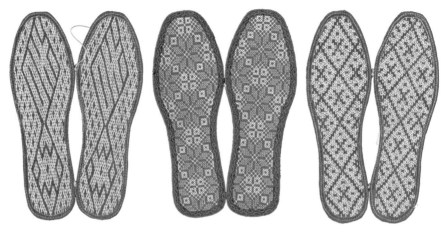

图4-24　挑花鞋垫（中原）

八、网绣

网绣是指通过运针绣成后形成网架结构的形式。前面讲的纳绣、挑花是利用布面经纬的网架结构点来出、入针，有规律地排列线条，形成各种纹样。而网绣是强调绣完之后，绣线排列成网状的形式。这种针法，一般先绣网的大框架，然后再内部变化。网的架构形式多样，内部变化更是丰富。图4-25～图4-27是根据三角形或六角形框架结构变化而来的。民间网绣常用于荷包、扇套等小件的装饰，也有用于整件服装的装饰，图4-26就是中国丝绸博物馆收藏的一件清代女褂上的网绣局部，完整的服装见第五章。

图4-25　网绣针法1

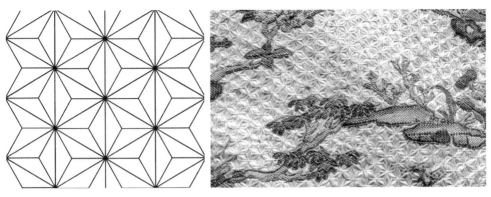

图4-26　网绣针法2

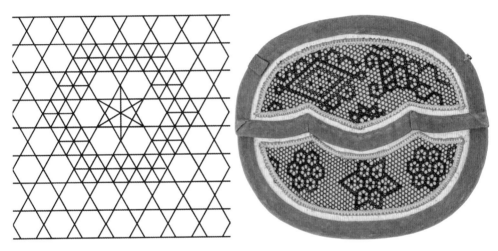

图4-27　网绣针法3

九、钉线绣

钉线绣是指将丝带、线、绳等线形材料按一定图案装饰在服装或纺织品上的一种刺绣方法。常用的钉线方法有明钉和暗钉两种，前者针迹显露在线材上，后者则隐藏于线材中。其中最有特色的是盘金，又叫"钉金"，是用特制的金线在绣面上盘出图案，再用细绣线固定的刺绣针法，是条纹绣的一种。金线可以是单线，也可以是双线。金线固定的方法可以是直针，也可以是锁针的针法（图4-28）。这种针法，立体感强，一般用于绣轮廓，内部针法多变化，盘金的运用不仅勾勒了图案造型的轮廓，也自然地将不同色块进行了衔接（图4-29～图4-31）。

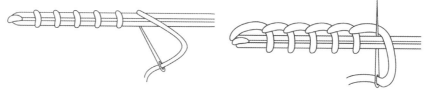

（a）直金针法　　　　　　　　　　　　　　（b）锁金针法

图4-28　钉金绣针法

图4-29　眉勒上的盘金绣（中原）　　　　　图4-30　眉勒上的盘金绣（陕西）

图4-31　钉彩条的绣片（山西）

　　以上是对民间纺织品上常见刺绣针法的介绍。总的来说，常见刺绣针法可以分为直针绣、环针绣、编织绣和经纬绣几个类别（表4-1），每个类别又有众多变化的针法，不同针法的组合又会产生更多的针法，所以在实际的运用中刺绣的针法是相当丰富的，再加上绣线材质、色彩的变化，视觉效果就更加丰富多样。

表4-1　民间刺绣针法的类别与特征

类别	特征	针法
直针绣	用直针将绣线平铺在绣地上，通过线迹的长短变化、疏密的变化、方向的变化、排列的变化等形成各种针法	齐针、戗针、套针、松针、滚针等
环针绣	绣线在绣面上形成环状，一环套一环，环状可以是封闭的，也可以是开放	打籽针、锁针、拉锁针、锁边针等

类别	特征	针法
编织绣	在绣地上进行网架结构的编织，一般先绣大的网架结构，再进行内部网架的编织，最终形成网状的效果	网绣
经纬绣	根据织物经纬的交织点出入针，有序地排列线迹，形成有规律的装饰性几何造型	纳绣、挑花等

第四节　其他刺绣工艺

一、贴补绣

贴补绣在民间绣品中运用广泛。通过贴、补、挖、拼、堆等工艺在装饰底料上施于各色面料，结合一定的针法，来替代完全刺绣的方法，其特点是能使绣出的物品产生一种浮雕的效果。传统工艺手法"堆绫""摘绫"都属于这一类。不同的是"堆绫""摘绫"用的是细薄的丝质面料，民间的贴补绣更多用的是棉布。

贴补绣通常用的是零碎的布料，因为都是自己辛苦纺织出来的布，所以即使是零布头也舍不得丢弃，每一块布头都值得珍惜。民间女子让这些零碎的布头发挥了最大的作用，这方面的创造力着实令人赞叹。贴补绣体现了民间对"技"与"物"的合理利用，也体现了崇尚勤俭的美德。

（一）贴布绣

贴布绣是指用各种布边角余料拼成图案，然后运用一定针法将拼成的图案绣于衣物或其他实用纺织品上。布贴绣具有浅浮雕的视觉效果，是一种将拼布、贴布、刺绣结合在一起的表现手法，有时绣的部分比例较小，就更接近现代意义上的拼布艺术。张道一先生归纳的女红艺术九项中，"缝纫"和"刺绣"是分别独立的女红项目。这里则作为刺绣的一个独特小品种来介绍，主要指拼布与绣的结合。

民间的贴布绣一般没有绣样画稿，而是根据边角料的形状色彩，随心造型，妙手生花，因此民间贴布自然散发着古朴的生趣。

制作过程先从剪样开始，然后拼贴，最后绣缝。民间贴布绣是女红艺术的重要部分。比较典型的有湖北阳新布贴，主要运用拼、贴、缝、抽、绣等多种工艺构成图案，一般用于儿童的服装、围嘴、儿童玩具。

山西的贴布也很有特色，尤其是贴布肚兜，构图精巧，针脚细密，色彩运用大胆随意又协调（图4-32、图4-33）。

图4-32　贴布绣（山西肚兜）

图4-33　贴布绣（山西肚兜）

（二）填补绣

填补绣是采用布、绸或其他材料剪成所需要的图案，以棉花填入底料中，再用针将图案花边周围锁边绣牢，从而使图案纹样凸起，出现立体的效果。这类填补绣多见于眉勒，以及儿童肚兜、枕头顶、童帽上（图4-34、图4-35）。

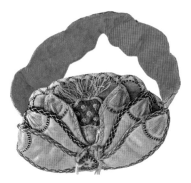 

图4-34　填补绣帽（中原）　　　　　　图4-35　填补绣帽（陕西）

（三）挖补绣

挖补绣的技法较为复杂，通常以白色为底，再以黑、青色布剪成所需纹样，用刀刻去图案不需要的部位，并在镂空处衬以鲜艳的各种布料，在黑色纹样中衬托出色彩鲜艳的图案，对比强烈、明快。这种绣法多使用在服饰中（图4-36～图4-39）。

图4-36　挖补绣细节　　　　　　　　图4-37　挖补绣肚兜（山西）

图4-38　挖补绣肚兜（陕西）　　　　图4-39　贴布绣与挖补绣肚兜（山西）

（四）堆花

堆花是将布料折叠缝制成型后再钉到绣地上的方法。折叠的形状变化，以及排列方法的变化，可以形成各种图案，民间常用此法制作花卉图案（图4-40、图4-41）。

图4-40　眉勒上的堆花（山西）　　　　图4-41　帽上的堆花（中原）

（五）贴花

贴花是将事先绣好的图案钉到绣地上的方法。先用糨糊薄薄地刷在布料背面，使布料硬挺，再托上绵纸，待干后绣上图案，最后沿轮廓将其剪下来，缝到装饰的绣地上（图4-42）。

图4-42　眉勒上的贴花（山西）

二、纳绣割绒

纳绣割绒是我国一种传统民间手工艺，属于"鲁绣"的范畴，发源于临沂蒙阴县与沂南县交界的孟良崮，现已在临沂、潍坊地区广为流传。纳绣割绒的最大特点就是通过一次纳绣和割绒的过程，可以制成两片图案完全严格对称而方向相对的立绒绣品，这是其他刺绣不能实现的。这种独特的工艺尤其适合运用在具有完全对称性的纺织生活用品中，如鞋面、鞋垫、枕顶、门帘，最具代表的就是山东纳绣割绒鞋垫（图4-43）。

以山东纳绣割绒鞋垫的传统制作工艺为例，来介绍纳绣割绒的基本工艺步骤：将制作好的一双鞋垫坯样面对面对合，用两层经过处理的玉米皮作为隔层放在鞋垫坯样之间，然后对针纳绣，绣线一般用棉线，也有毛线和丝线，纳绣完成后割花，就是用利刃把绣好的鞋垫整体分割开来，就形成了纹样完全一致且相对称的一双鞋垫。玉米皮隔层的厚度可以控制鞋垫绒面的厚度。

图4-43　割绒鞋垫（山东）

三、珠片绣

珠片绣是将细小的串珠、亮片，以及各种造型的金属亮片、玉片等材料，通过排列，固定在面料上，组成图案，形成耀眼夺目的效果。民间常见于眉勒、鞋、帽，以及服装上，是民间服饰重要的装饰手法之一（图4-44～图4-48）。

图4-44　眉勒上的钉珠绣（山西）

图4-45　帽上的钉珠（皖南）

图4-46　眉勒（中原）

图4-47　嫁衣上的珠片绣（山东）

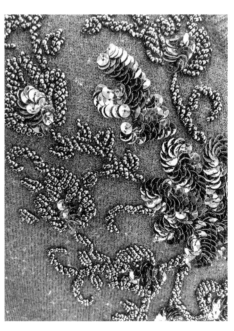
图4-48　毛衣上的珠片绣（江苏）

第五章

汉族民间纺织品纹样

民间纺织品染织绣工艺的出现与发展，更多是为纺织品纹样提供技术支持的，尤其是印花与绣花的工艺，如果没有纺织品纹样，这些工艺大概也没有存在的意义了。也因为有了这些工艺技术，纺织品纹样才有了更多的表现形式。

纺织品纹样是依附于纺织品的，与其他纯美术作品不同，因为多数依附在生活实用品上，所以与人们的生活息息相关。它不仅仅是为了美化纺织品，满足视觉审美需求，更重要的是它具有深刻的文化内涵，而这些内涵不是随意附加的，而是长期文化积累的产物。也正是拥有了这些文化内涵，才使民间纺织品纹样更具生命力。

第一节　民间纺织品装饰纹样的题材

民间纺织品的题材相当广泛，动物、植物、静物、景物、抽象几何，信手拈来，都能入画，根据纺织品种的不同，花纹形成的工艺手段不同，纹样呈现出不同的风格。要做一个比较精确的分类也是困难的。由于吉祥意义是民间纺织品纹样的主要特征，并且体现了文化的深层内涵，所以本书从纹样题材的文化属性的角度进行分类。

一、民间纺织品装饰纹样的传统题材

（一）爱情婚姻、繁衍子孙类

这是人类的永恒主题，人丁是小农经济的主体，子孙的繁衍是家族兴旺的标志，在封建社会也是国家繁荣的标志，所以断了香火是大不孝的事。"在原始人的观念里，婚姻是人生独一大事，而传种是婚姻的唯一目的……" ❶在

---

❶ 闻一多. 说鱼[M]//神话与诗. 北京: 古籍出版社, 1957.

民间纺织品图案里，这种婚姻的目的被演绎得丰富多彩。婚姻的前奏，男女的爱情被图案化，有了蝶恋花、鱼戏莲、凤戏牡丹、鸳鸯戏水等表达男女好合的纹样；结婚是龙凤呈祥，之后，生儿育女，有了连生贵子、瓜瓞绵绵、榴开百子、麒麟送子等图案。这类图案内容上大多已形成固定搭配，但在造型、色彩的运用上，根据材料的具体情况，随制作人的心意，更是多种多样。（图5-1～图5-5）

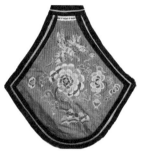

图5-1　鱼戏莲（山西）　　　　　　图5-2　凤戏牡丹纹（山西）

图5-3　连生贵子（陕西枕顶）　　　图5-4　麒麟送子（山西）

图5-5　榴开百子（山西）

（二）吉庆祥瑞、纳福避凶类

这类题材都围绕人们对美好生活的追求与祝愿来展开，也包括化凶为吉、消灾免难的愿望。生活上求富贵平安，劳作上求风调雨顺，寿命上求寿比南山，人生发展上求鲤鱼跳龙门，总之，是福禄寿齐全才圆满。这些愿望借助各种形象在纺织品上得到淋漓的表现，纹样表现上就有了喜上眉梢、平安富贵、五福捧寿、连年有余、吉祥八宝、鲤鱼跳龙门、荷盒（和合）等吉祥图案。这些都是美好的愿望，是对理想生活的憧憬，是积极乐观的生活态度（图5-6～图5-9）。

图 5-6　喜上眉梢纹（中原）

图5-7　富贵平安纹（山东）

图5-8　鲤鱼跳龙门（江苏）

图5-9　吉庆有余（江苏）

然而，事情的发展总有很多不确定的因素，怀着对大自然和生命的敬畏之情，人们也希望获得不可知的自然力量的庇护，来抵御不可控的不利因素，也就有了满足"避凶"心理需求的图案，如鹿、虎、五毒、太极图、八卦图等纹样在服饰中的运用。虎和五毒的形象在民间儿童的服饰中运用尤其多，因为小孩是最需要保护的，不但需要实际生活中的呵护，更需要冥冥之中神灵的护佑，以确保平安成长，虎可以辟邪，而五毒可以以毒攻毒（表5-1），这也反映了原始的万物有灵的观念（图5-10、图5-11）。

表5-1　民间部分辟邪元素的避凶求吉内容

辟邪元素	辟邪功能	吉祥意义
蛙	吃虫避毒治病，驱邪镇恶	与"娃"同音，表示生育、多子
鹿	仙兽，避毒驱邪	与"禄"同音，也表示长寿和繁荣
虎	四方神之一，可驱邪避灾	希望小孩长得虎头虎脑，健壮活泼
鱼	驱鬼、护身、免患	与"余"同音，表示富裕，又有多子的寓意
八卦图	震慑邪恶	神通广大
红色	属"阳色"，辟邪禳灾	喜悦吉庆
桃	桃木制鬼，做成饰品戴在身上辟邪	桃花喻爱情，桃子喻长寿
葫芦	暗八仙之一，铁拐李所持宝物，风水学中葫芦是能驱邪的植物	有多子多福的含义

图5-10　老鼠葡萄、老虎纹（陕西）

图5-11　蛙纹（陕西）

（三）修养雅趣、浪漫抒情类

如果前两类属于世俗的愿望反应，那么这一类则是对雅的追求，主要体现的是文人的情怀与追求。

图5-12　松竹梅

这类题材把具有特殊自然特性的物象图案化，来表达人生气节的理想追求。杂剧《渔樵闲话》云："那松柏翠竹皆比岁寒君子，到深秋之后，百花皆谢，惟有松竹梅花，岁寒三友。"❶ "松竹梅"因为傲霜耐寒而有了"岁寒三友"的美称，常被文人用来引喻自己的为人品性，也就有了岁寒三友（松竹梅）、四君子（梅兰竹菊）的纹样。因"梅花香自苦寒来"，就有了冰梅纹等（图5-12）。

文人雅趣也是这类题材表现的一个方面。"琴、棋、书、画"被认为是风雅之事，体现的是文艺修养；"雅好博古，学乎旧史氏"，博古指珍奇古玩，也是文雅之意的代表，这些都是中国文化特有的标志。所以"琴、棋、书、画""博古"也成为图案的重要内容（图5-13）。

（a）芭蕉扇（南京博物院）

（b）绣片

图5-13　博古纹

---

❶ 涵芬楼印行. 孤本元明杂剧（二五）[O]. 北京：商务印书馆，1914.

另外，还有抒情浪漫的纹样。抒情浪漫讲究的是意境的美。如落花流水纹，来自唐诗"桃花流水杳然去，别有天地非人间"，是对青春易逝，红颜将改的伤感，更多的表达的是一种情感。流水的线与落花的面形成对比，具有乱中见整的艺术效果（图5-14）。再如行云流水纹，是一种由连弧状或波状图案组合而成的装饰纹，或为凸凹状，似云水流动；或为云团状，似隐似现。云的造型与人们的审美意向是一致的。云水纹用其飘逸灵动、回转交错结构表现出中国气论哲学的文化观念的和谐内涵。

这类图案也有将诗句以文字形式直接用于纺织品上的，有的还是图文并茂的形式，很有中国书画的气息。如图5-15～图5-17，有图有文字，形式上很明显受到中国画的影响。图5-18、图5-19则是纯文字的装饰形式。

图5-14　落花流水

图5-15　梅竹（东北枕顶）

图5-16　鸟语花香（绣片）

图5-17　清明（彩印花布）
清明时节雨纷纷，路上行人欲断魂。
借问酒家何处有，牧童遥指杏花村。

图5-18　文字图案（皖南枕顶）

图5-19　文字绣片（山西）

128

传统图案内容的常见搭配与象征寓意，如表5-2所示。

表5-2　传统图案内容的常见搭配与象征寓意

类别	内容	象征寓意
爱情婚姻 繁衍子孙	龙、凤	龙凤呈祥
	牡丹、凤凰	凤穿牡丹（幸福与光明）
	莲花、鲤鱼	鱼戏莲，连年有余
	瓜、蝴蝶	瓜瓞绵绵（子孙昌盛，或寓意丰收）
	蝴蝶、花卉	蝶恋花
	荷花、鸳鸯	鸳鸯戏荷（夫妻和合）
	莲花、童子	连生贵子
	葡萄、鼠	多子多福，或寓意丰收
	麒麟、童子	麒麟送子
吉庆祥瑞 纳福避凶	花卉、花篮	庆贺吉祥
	牡丹、花瓶	富贵平安
	梅花、喜鹊	喜上眉梢
	玉兰、海棠	金玉满堂
	石榴、桃、佛手	三多图（多子多福多寿）
	万年青、大象	万象更新
	鲤鱼、龙门	鲤鱼跳龙门
	莲花、"喜"字	喜事连连
	松、鹤	松鹤延年
	鹤、鹿、松	鹤鹿长青
	桃、蝙蝠	福寿双全
	猫、蝴蝶	与"耄耋"同音，寓意长寿
	蝙蝠、"寿"字	五福捧寿
	老虎、五毒（蛇、蜈蚣、蝎子、壁虎和蟾蜍）	辟邪
	荷花、灵芝、盒	和合如意
	法轮、法螺、宝伞、白盖、莲花、宝瓶、双鱼、盘肠结	佛教八吉祥
	宝珠、方胜、玉磬、犀角、古钱、珊瑚、银锭、灵芝	八宝
	扇子、宝剑、渔鼓、拍板、葫芦、萧管、花篮、荷花	暗八仙（长寿、八仙过海各显神通）

类别	内容	象征寓意
修养雅趣 浪漫抒情	梅花、水纹	落花流水
	花、鸟	鸟语花香
	梅花、冰纹	梅花香自苦寒来
	松、竹、梅	岁寒三友
	梅、兰、竹、菊	四君子
	琴、棋、书、画	四雅，文人雅趣
	珍奇古玩	博古，文雅

（四）故事类

这类题材将历史故事、戏剧故事、神话传说中的形象图案化，创作出故事题材的图案，好似剧照一样，长久地保留在民间，让人们看到绣品的图案而能重温剧情。例如，浙南夹缬纹样中就有很多南曲戏文的民间花样。

民间图案中的故事主要有两种类型，一是顺应世俗伦理道德的故事，是维系社会秩序的伦常说教。传统社会里流传的故事通常具有劝世、警世的作用，讲的是仁、义、忠、孝，所以在长期的目染耳濡中这些图案起到了潜移默化的教化作用，如三娘教子、劈山救母、岳母刺字等。二是对抗传统、追求自由平等的故事，是情感上的心理补偿。传统社会里女子地位比较低，而她们却是民间纺织品图案创作的主要人群，追求自由平等的愿望自然从图案中流露表达出来，如木兰从军、梁山伯与祝英台、西厢记、穆桂英等故事形象，不仅是视觉上的审美需要，更是心里的愿望的表达（图5-20~图5-26）。

图5-20　西游记（山西肚兜）

图5-21　戏曲故事——西厢记
清·戏曲人物女褂（中国丝绸博物馆藏）

图5-22 戏剧人物——罗士信、胡金婵
（陕西绣片）

图5-23 戏曲故事——红楼梦（刺绣枕顶）

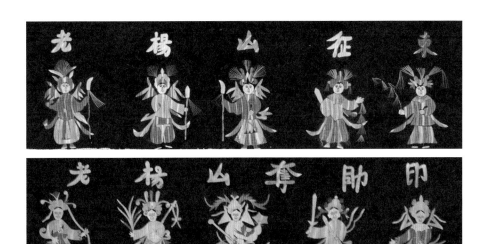

图5-24 戏曲故事——老杨山征东（山西刺绣门帘）、老杨山夺帅印（陕西刺绣门帘）

图5-25 戏曲故事——黛玉葬花（枕顶）

图5-26 戏曲故事——三娘教子（枕顶）

（五）生活场景类

对日常生活场景、娱乐游艺的场景进行描绘的图案也是传统图案的重要题材，如百子图（图5-27）、水乡风景图（图5-28）、仕女扑蝶图（图5-29）。

图5-27　刺绣百子图壁挂局部（南京博物院）

图5-28　水乡风景图（江苏民间蓝印花布）

图5-29　服装上的仕女扑蝶图（山西）

（六）其他纹样

民间传统的纺织品纹样除了以上这些类别，还有抽象几何图案，如"工"字纹、回纹、菱形纹、杯纹、龟背纹等；亦有花卉纹，如花卉缠枝纹、折纸花、四季花纹等（图5-30）。这些纹样没有明显的吉祥寓意，更多是从审美需求出发的设计，尤其是那些不知名的花卉题材的纹样。

图5-30　几何、花卉纹

二、具有明显时代特征的题材

民间艺术自身又有应变涵化整合的机制，对于时代物质生活的变化，审美意识的变化和来自自身以外文化的影响，它都通过自然的调节整合来丰富发展自己。❶民间的传统图案也不是一成不变的，封建社会时期，对传统的保

---

❶ 杨学芹，安琪. 民间美术概论[M]. 北京：北京工艺美术出版社，1994.

持体现了相对的稳定性，也让传统的吉祥图案发展到极致。当社会发生急剧变化的时候，人们的生活状态、生活方式随之发生变化，在纹样的题材上表现为内容不断增加，生产方式的改变也会导致艺术形式的变化，现代纺织纤维、纺织面料的新品种不断出现，染、织、绣工艺的发展，围绕纺织品的纹样设计的艺术风格也会发生变化。例如，数码印花改变了原来套色印花的局限，可以印出各种富于变化的色彩，这都是时代赋予的特征。

　　如图5-31所示，"红心向党"这幅刺绣图案，单从纹样来看，还是传统的题材，麒麟送子，配上了"红心向党红小兵"的刺绣文字；图5-32的传统花鸟图案，配上"花开自由"的文字，就有了明显的时代特征。这种传统与时代的结合看起来还比较生硬。而图5-33刺绣床帘"工农联盟"的图案与文字是完全相呼应的，完全体现了那个时代的审美趣味。这类图案在民间刺绣纹样、夹缬纹样，以及彩印花布中都能看到，就连魏县的色织布，虽然视觉上是看不出明显时代特征的条格形式，但是也可以取个时尚的名称来与那个年代应个景，如"苏联大开花""苏联小开花"（图5-34）。

图5-31　红心向党（山东）

图5-32　花开自由（山东）

图5-33　工农联盟（皖南床帘）

（a）苏联小开花   （b）苏联大开花

图5-34　魏县方格布

（李英华，霍连文.《魏县织染》，科学出版社，2010年.）

再如，20世纪六七十年代，丝织厂生产的织锦缎更是从形式到内容都与时代紧密相连。杭州胜利丝织厂生产的织锦缎有"样板戏""红宝书""大串联""工农兵""万里长城"；上海大成印染厂生产的印花绸的"田野村屋""生产建设"等题材都具有很强的时代特征性。这种时代的特征已经完全变成了一种成熟的图案形式（图5-35、图5-36），它们记录了那个时代的物与事，记录了那个时代的精神面貌，使时代的特征与经纬完美地交织在了一起。

（a）葵花朵朵向太阳   （b）红色娘子军

图5-35　革命题材的古香缎与闪光花缎（中国丝绸博物馆）

|（a）大串联 |（b）样板戏|

图5-36　织锦缎

（徐铮.《革命与浪漫：1957—1978年中国丝绸设计回顾》，艺纱堂/服饰，2009年.）

第二节　民间纺织品装饰纹样的作用

　　艺术之所以产生，更深层的动机是人类潜意识层的胜利心理需要，由于人类历史的遗传而形成集体无意识的文化模式，艺术是适应这种需要而产生的文化模式中的一类。❶民间纺织品纹样必定也是为了某种心理的需求而产生的，并有其实际的作用，而非单纯的视觉审美需要。

一、祈福纳吉，传情寄望

　　民间纺织品装饰纹样是吉祥的观念引导的艺术形象。所谓吉祥，不但体现为一种美好的愿望，也是现实生活中不可缺少的滋补❷。《庄子·人间世》："虚室生白，吉祥止止"；《成玄英·疏》："吉者福善之事，祥者嘉庆之徵。"❸"吉祥"

---

❶ 杨学芹，安琪.民间美术概论[M].北京：北京工艺美术出版社，1994.

❷ 张道一.吉祥文化论[M].重庆：重庆大学出版社，2011.

❸ 郭庆藩.庄子集释[O].上海：中华书局，2013.

是人类的意识追求，也是纹样的普遍象征意义，这种普遍的吉祥纹样在民间纺织品中流传甚广。"图必有意，意必吉祥"，体现了百姓对生活寄予的美好愿望，寓意单纯而质朴，具有强烈的功利内涵。在民间的吉祥象征趋向主要有祈求长寿、祈求子嗣、祈求富贵功名、祈求平安喜悦。这种直率、单纯与天真的思维方式，无不体现了对未来寄予的希望与渴望。

外婆给外孙做个虎头鞋、虎头帽，母亲给小孩绣件五毒背心，是希望小孩顺利地健康成长；新婚的女子绣一件麒麟送子的肚兜，是要表达自己的神圣愿望；妻子给丈夫绣个荷包，姑娘给情郎纳双鞋垫，一针一线都是情义，羞于说出口的话都可以用纹样来表达，所以民间的纺织品纹样既是心愿的表达，也是传情的媒介，这也是为什么鞋垫、鞋底也可以绣得那样精美，这不是让别人看的，是让用的人心领神会的。

图5-37云肩上装饰了"金玉满堂、长命百岁、福如东海、寿比南山"，用文字的形式把祝福直接表达出来；图5-38的枕顶图案用花瓶与牡丹的组合，表达了对平安富贵的期盼。

图5-37 云肩上的祝福——福禄寿齐全（山东） 图5-38 枕顶上的祝福——平安富贵

二、悦目赏心，怡情养性

民间纺织品纹样，不但满足和体现劳动人民的生活愿望与世俗意愿，同时也满足视觉的审美需求与内在的精神追求，达到怡情养性的作用。这是纺织纹样的装饰作用带给人们的丰富的视觉审美，由视觉的审美到精神上的慰藉。人生在世，对于物质的追求是生存与生活的需要，而对精神方面的需求

是内在修养追求的表现。过去，但凡有些文化，知书达理的人都比较注重内在修养，他们通过琴、棋、书、画那些非生存必需的形式来陶冶情操，修养身心，所以就有了"琴棋书画"的装饰纹样，也有了书画小品图文并茂的构图形式；"岁寒三友""四君子"代表了人品与节操，将它们图案化，并运用在纺织品上，是精神追求视觉化的一种方式。

三、教化育人，传承文化

古人对于艺术，强调"成教化，助伦理"的作用，将各种不同的艺术同娱乐结合起来；即使几岁的童稚和不识字的老妪，在传统的大文化氛围中也会受到熏陶，产生潜移默化的作用。❶民间纺织品图案除了承载祈福纳吉的愿望外，还作为一种教化的手段，使广大民众虽因家境贫寒不能"知书"，但却能"识理"。

这些刺绣内容中既是理想的教化，又是现实的指南，人生的理想追求，做人的价值准则尽在其中。例如，用"鱼跃龙门""连中三元""蟾宫折桂""封侯拜相""五子争魁"等来寄托理想；以"关公夜读""囊萤借光"等来勉教今人；以纹样的形式讲述"八仙过海""牛郎织女"等神话传说故事，这也是民间故事代代相传的方式之一。

图5-39　刺绣枕顶（陕西）

图5-39中的"闻善则拜，非礼勿听"，图5-40中的"尊节俭，尚道德"，以直白的文字作为装饰纹样的主题，使文字成为视觉形式的说教方式。尤其"闻善则拜，非礼勿听"用在枕头两端恰到好处。每天枕在耳朵下，是对自我的一种提醒，实在也是起到了自省的作用。过去女子读书的少，尤其是农村的女子，她们虽然不识字，但还是要在纺织品上装饰大量的文字，即便是写错、描反也不在乎，因为这些都不重要，重要的是这份道德追求的情怀。

---

❶ 张道一. 吉祥文化论[M]. 重庆：重庆大学出版社，2011.

图5-40　民间绣品（山东）

四、与时俱进，描绘时代

民间纺织品中图案的运用不仅有传承，还有与时俱进的时代物象与时代精神。时代的发展一方面丰富了图案的内容，另一方面也使图案成为传播新思想、新风尚的媒介。比如前面的"红心向党""花开自由"。在徐铮主编的《革命与浪漫：1957—1978年中国丝绸设计回顾》中收集了大量的丝绸图案，其中相当一部分是"革命现实"题材的，如向日葵、红宝书、工农兵，以及革命建设场景的题材。这些图案都是对时代新思想、新物象的描绘，传统的图案在这个时期逐渐被取代。

第三节　民间纺织品装饰纹样的艺术 表现手法

一、联想的手法

《易·系辞》：立象以尽意。形和意是相关联的，纹饰，实际上是一种借以表达某种感受和信仰的象征性符号。❶这种关联性在民间纺织品纹样上是通过联想来实现的。民间作者的联想不受生活逻辑的约束，只要合乎寓意的目

---

❶ 孟宪文，班中考．中国纺织文化概论[M]．北京：中国纺织出版社，2000．

的，即可信手拈来，所以……可以把不相干的形象组合在一起。❶这种联想也是有规律可循的。大致有以下分类。

（一）谐音的联想

汉语很有意思，读音相同，意思不同的词汇很多，因此利用汉字同音或近音的条件，用同音或近音字来代替本字，而产生辞趣，这就是所谓的"谐音"的联想，谐音的语言现象在民间可谓广泛而深入，加上各地的方言不同，而变得更加丰富。大多数谐音象征，都以建立两种事物之间的积极联系为导向。❷很多物象的读音有着与吉祥词汇相同或相近的发音，比如"百年好合"（百合）、"连生贵子"（莲子）、"百事如意"（柏枝、柿子和如意）、"和合万年"（百合、万年青）、"事事大吉"（柿、桔）、五福捧寿（蝙蝠、寿字）、杞菊延年（枸杞、菊花）、四季平安（月季花、花瓶）等，从读音中讨个吉利，其联想的内容也就同时孕育而生了。谐音的联想是传统吉祥纹样最普遍的形式。

（二）文字的联想

文字是有意义的，由文字产生联想，再把联想的物象与文字造型组合，

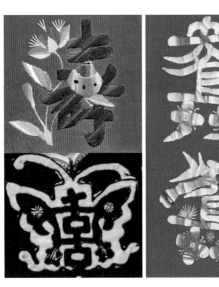

图5-41　联想的文字

物象与字的形和意融为一体，是字中有物，物中有字的一种形式，这种联想组合的文字似画一样美。如图5-41中"寿"字与桃的结合；"鸳鸯"与花朵的搭配，加上丰富的色彩变化，使文字图案看起来既像字又像画。把"喜"字配上一对翅膀，使文字变成一个蝴蝶的造型，这种联想的思维充满了趣味性。

❶ 杨学芹，安琪 . 民间美术概论[M]. 北京：北京工艺美术出版社 1994.
❷ 周星 . 汉族民俗文化中的谐音象征[J] . 社会科学战线，1993（1）：276-282.

（三）自然特征的联想

任何一种自然物象都有其特有的自然生态习性，或是视觉上的形与色；或嗅觉上的味；或功效上的作用，等等。借用这些生态习性，充分地欣赏理解，并与进一步的想象、期望相联系，予以理想化、性格化、人格化的内容，就会有诸如这样的象征含义：竹子的挺拔与中空象征人格的正直与虚心；松柏挺拔常青，象征坚贞不屈，万古常青的气概；荷花纤丽挺拔，出淤泥而不染，象征纯洁与高雅、清净和超然。

当某些自然属性与人类的向往或是期待或是需求达到某种契合时，就会赋予它象征性，来满足人们追求理想、幸福的心理需求，最终成为直指本质的符号。《爱莲说》中这样比喻："予谓菊，花之隐逸者也；牡丹，花之富贵者也；莲，花之君子者也。"再如石榴、葡萄、蛙、鱼多子的特征，常被用来寄寓多子多孙的含义；老虎是"百兽之王"，性格勇猛威武，就有了避邪的作用。

（四）来自神话、传说、宗教故事的联想

还有一部分象征性的联想来源于神话故事，如民间传说中王母娘娘蟠桃园的蟠桃三千年结果一次，吃了可以长生不老，因此桃就有了长寿的寓意；再如典型的传统吉祥纹——盛满鲜花的花篮，源于每年农历三月三王母娘娘寿辰的蟠桃会，百合、牡丹、芍药、海棠四仙子采花与麻姑同往祝寿，也就有了花篮庆贺吉祥的寓意。传统纹样暗八仙中的花篮则代表八仙中的蓝采和，蓝采和的手执物是装满宝物的花篮。"蟾宫折桂"比喻应考得中，源于神话中月亮里的桂花树，所以桂花有考中的寓意。传说中仙鹤寿命千年，梅花鹿是长寿神的坐骑，所以鹤与鹿就有了长寿的寓意，有了鹤鹿同春、松鹤延年的固定搭配的图案形式。

有的纹样的象征性与宗教有关，如在佛教中，莲花因出淤泥而不染，象征解脱的过程与最终的修成正果；菩提树象征觉悟，与释迦佛在菩提树下觉悟是分不开的。另外，暗八仙中也有荷花的造型，代表是八仙中的何仙姑。

二、符号化的表现

所谓符号化是指用艺术的手段所提炼出来的能反映人类情感的表象符号，从广义上说，民间吉祥寓意的图案都是表象符号。这里想要说明的是一种艺术化形象处理方式，也可以说是形象创造和提炼的方法。

（一）复杂形象的符号化

复杂形象的符号化，其实这也是一种思维方式，民间的吉祥形象非常之多，从现实中的静物、植物、动物、人物、景物，还有非现实中的各种形象，有的形象简单，有的形象复杂，要在图案中表现复杂的形象，还真不容易。比如神仙的形象，加上纺织品上的图案造型还要受到工艺的制约，更是难上加难。借助前面讲的联想，将复杂的形象符号化，是一种很有效的方法。

例如，"八仙"的形象，是福寿、正气的化身。民间讲"八仙过海，各显神通"，八仙形象复杂，民间也有各显神通的表现方法，"暗八仙"成了"八仙"符号化的象征。"暗八仙"是八仙各自的宝物：葫芦（铁拐李）、宝剑（吕洞宾）、玉板（曹国舅）、渔鼓（张果老）、宝扇（汉钟离）、荷花（何仙姑）、箫（韩湘子）、花篮（蓝采和）。这些宝物单独没有特殊的意义，但在一起就可以代表八仙，与八仙的寓意相同（表5-3）。

表5-3　八仙与暗八仙（根据绣片整理）

八仙	宝物名称	暗八仙	织物
铁拐李	葫芦		
吕洞宾	宝剑		
曹国舅	玉板		

八仙	宝物名称	暗八仙	织物
张果老	渔鼓		
汉钟离	宝扇		
何仙姑	荷花		
韩湘子	箫		
蓝采和	花篮		

图5-42中，暗八仙的纹样配上海水江崖和云气纹，与八仙过海各显神通的隐喻很是契合。构图上海水在下，八仙在云上方，更是给人一种场景的想象。图5-43同样是暗八仙的主题，画面则更加装饰化与平面化。

再如"和合二仙（二圣）"，是专门掌管"家庭和合，婚姻美满"的神仙，表示和谐、和睦。在民间美术中和合二仙的人物造型运用很多，但在纺织品纹样中，更多的"和合"被联想成"荷盒"，并发展成一种符号化的组合（图5-44）。同样是荷花，在"暗八仙"中代表的是何仙姑，与"盒"组合代表的就是"和"的意思。

图5-42 暗八仙纹绣片

图5-43 暗八仙纹绣片
（南通博物苑收藏）

（a）和合如意纹（山东枕顶花样） （b）和合万年枕顶纹（南通博物苑收藏）

图5-44 民间和合纹

（二）抽象概念的符号化

民间长期发展而来的一些符号化的图形，通常具有吉祥的象征含义。通过符号化的图形，表达抽象的概念与吉祥的寓意。这种符号，在纺织品中随处可见，有单独使用的，也有和其他纹样组合搭配使用的（图5-45～图5-51）。

卍：佛经上多有提及，《楞严经》上说："如来从胸卍字涌出宝光"。唐代慧苑《华严音义》说："卍本非字，周长寿二年，主上权制此文，著于天枢，音之为'万'，谓吉祥万德之所集也。"有吉祥、圆满的寓意。卍在纺织品中被广泛使用，有的单独使用，有的与文字组合使用，成为文字的一部分，有顺时针的，也有逆时针的。

盘长：是一个首尾相连，复杂缠绕且缠绕有序的结，是佛教八吉祥之一。意为"曲折盘绕不断头，永远长久"。

方胜：由两个菱形交叉组合而成，意为"人成双，事常胜"。

双钱：由两个圆形方孔的钱币组合而成，意为"双全"，通常表示福寿双全。

太极：意为"两仪、阴阳、乾坤、男女、刚柔"。太极的符号被作为纹样内容用于纺织品的较多，也有作为构图形式来用的。

八卦：由"—"和"––"这两个符号变化平行组合而成，代表宇宙万事万物的变化现象。八卦图具有趋吉避凶和调节气运的寓意。

| 万字 | 盘长 | 方胜 | 太极 | 双钱 |

图5-45 吉祥符号

图5-46 盘长纹

图5-47 卍字底纹

图5-48 万字纹、双钱纹

图5-49 方胜纹

图5-50 双钱纹（皖南帽饰）

图5-51 八卦纹（皖南围嘴）

　　还有一种抽象的概念是通过联想的物象来表现的，如"平安"用花瓶的造型来表示，"五福"用五只蝙蝠来表现。

　　（三）文字符号化

　　中国的文字本来就是一种符号，在纺织品装饰纹样中，有很多文字的图案，一般是诗文、祝福语等内容，字体很多是手写体，也谈不上是书法。而这里主要讲的是传统的图案化的文字，或者说一种符号化的图案，代表着一种文字的含义，有些文字图案化之后，是字非字，但是大众皆知。如"福、禄、寿、喜、吉"是民间用得比较多的传统图案文字，民间有"百寿图""百福图"，一个字可以变化上百种样子，但仍然能一目了然。

　　"喜"字，民间婚嫁物品中最常用到。民间常说的"好事成双"，所以"喜"要双喜——"囍"，这不是一个真正意义上的汉字，字典里也没有，但是却无人不识。双喜是最常见的组合，也有三喜的，还会把"卍""卐"组织到喜字的结构中，可以是方形的结构也可以是圆形的（如图5-52、图5-53）。

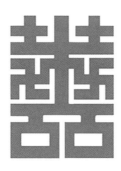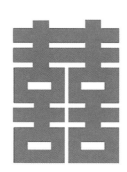

图5-52 "喜"字造型

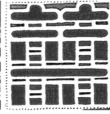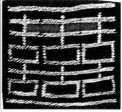

图5-53 纺织品中"喜"字造型

"寿"的图案化表现最具创造力，长期的积累，使其已演变成似字非字的寓意明确的符号化形式。面料上的"寿"字图案以圆形的居多（图5-54），并与一些吉祥寓意的符号、文字相结合，如与"卍"、"卐"、"吉"、双"吉"、"王"等的组合，形成了相似而又不同的各种"寿"字图案，也使"寿"字图案的吉祥寓意更加丰满。这种圆形"寿"字一般形式上对称，有左右对称的，也有左右上下同时对称的，虽各有不同，但都能被认知。寿字与物象的组合最

（a）　　　　　　　　　　　　　（b）

图5-54 纺织品中提取的各种"寿"字造型

常见的是"五蝠（福）捧寿"，五福是指"长寿、富贵、康宁、好德、善终"，"五蝠（福）捧寿"的图案造型各异，但结构都是一样的，以寿为中心，五只蝙蝠围成一个饱满的圆，寓意五福齐全是最圆满的人生（图5-55）。

图5-55　五福捧寿中的"寿"字造型

三、主观理想化的处理

这里理想化的处理有两个发展思路。一是比现实更加完美，是一种写实表现方式。例如，苏绣中的花卉造型，花瓣色彩的晕染感，似花卉惟妙惟肖。由苏绣发展而来的仿真绣更是把这种写实技艺推向了极致。图5-56（a）是苏绣的牡丹花，一瓣一叶都写真如真；图5-56（b）是民间的大花布，其中的花卉水果造型饱满，色彩艳丽，它们既有现实的来源，又超越现实。通常这种造型结构都追求饱满，追求超越现实的完美。二是不考虑现实，纹样的形、色、比例等关系不受现实经验的限制，完全是主观化的需要，体现了民俗的趣味性与装饰性。图5-57中，蛙的造型似蛙非蛙；图5-58～图5-60中各种动物造型，无论是现实中有的还是没有的，都按照主观的意向造型；图5-61中的造型是人头鱼身，更是想象力丰富。民间服饰中"老虎"的装饰造型，朴拙稚趣，也完全没有了老虎原本凶猛的气势，而且色彩可以五彩缤纷；图5-62中的老虎，完全是主观化的处理结果；图5-63中的瓜可以处理得比人还大，可以一半蓝、一半红，比例、色彩也完全是随心而为。

（a）苏绣

（b）印花布

图5-56　花卉的写实造型

图5-57　蛙的造型

图5-58　各种动物的造型（皖南）

图5-59 刘海戏金蟾（中原肚兜）

图5-60 猫、蝶的造型（中原肚兜）

图5-61 绣片（山西）

图5-62 虎的造型

图5-63 造型比例（中原肚兜）

第四节　民间纺织品纹样的构成秩序

一、对称的秩序

《周易》上讲："观物必有对，事必可比。"民间常说"好事成双""成双成对"。连理枝、比翼鸟、并蒂莲、鸳鸯都是成对出现的，比喻夫妻恩爱。在图案的形式上这种观念就表现为对称。对称是一种心理需求，也是视觉上的需要，对称可以达到视觉上的平衡与稳定。对称形式的视觉美感源于对自然物象对称结构的习惯认知，在视觉审美的意识里是潜移默化形成的，并且是根深蒂固的，在传统文化里，又赋予了"成双成对"的美好寓意。

民间纺织品纹样中对称的形式比比皆是，对称形式的广泛运用也是有其客观原因的，纺织实用品的款式与结构很多是对称的，如眉勒、背心等，对称的结构形式决定了装饰纹样的对称形式。另外，有一部分的对称形式是由工艺决定的，如前面讲到的夹缬印花、纳绣割绒的工艺，本身就决定了图案的结构形式。

（一）造型的对称

对称的造型除了视觉上的美观外，在制作中也体现了一定的方便，比如图5-64的枕顶图案，画样只要一半，还有一半复制过去就行了，好比剪纸，对折之后剪花，然后展开就是完整的对称形，事半功倍。民间剪"喜"字，也是先对折再对折，剪后展开是两个对称的"喜"，谓之"双喜"。

图5-64　对称的秩序（枕顶的图案设计）

（二）布局的对称

此处的布局是指根据物件具体造型所做的图案的整体布局。这里的对称布局与装饰物的造型结构有关。例如，眉勒、背心的图案设计，由于其本身的对称造型，装饰上通常也采用对称的布局形式，来达到视觉上的平衡（图5-65）。

（a）眉勒（山西）　　　　　　　　　　　　　（b）背心

图5-65　对称的秩序

二、太极图的秩序

太极图是我国古代说明宇宙现象的图，是用一根相反相成的"S"形线将一个圆形分成阴阳交互的两极。它所体现的对立而和谐的美是五千年前就被中国劳动人民所认识并且表现出来的朴素的宇宙观。在古代植物纹样中"S"形造型的纹样占有一定的比例。"喜相逢"是一个典型的例子，它是一种传统的纹样构成形式，一般用"S"形将圆分割成两部分，以翻转对称的形式添一对花卉和动物组成适合纹样，追求动中有静，四平八稳的中庸之道。这种结构形式广泛运用于纺织品的装饰之中，成为象征喜庆团圆的流行样式。图5-66中的两只凤凰就是以翻转对称的"S"形来组织形成一个完整的圆。

对于"S"形的灵活运用，还创造了许多严谨的或是动感强烈的形迹。如图5-67，上下凤凰反转，形成一个大"S"形，中间小圆内又是一个"S"结构，重复排列，视觉上疏密有致，委婉多姿。

图5-66 S形的秩序　　　　　　　　图5-67 S形的灵活运用

三、方、圆的秩序

在人类早期的纹饰中，我们可以意会到纹饰构成上的方、圆情节。从原始社会到殷商时期，许多环形的鸟、兽、虫、鱼的造型，以及一些回纹、菱形纹等纹饰，使我们不难发现方、圆在形象基本构成中的地位。前面讲到的文字的造型中也多为方、圆的造型，这种造型并非无缘无故，它与方、圆的构成秩序有着相同的文化根源。

中华民族自古就有敬天拜地的习惯，对方、圆的执着自有它深厚的意识根源。"天道圆，地道方，圣王法之，所以立上下"（《吕氏春秋》）。方圆的结构在很大程度上反映了古人"天圆地方"的思想。道家认为"天圆"是讲心性上要圆融通达，代表运动变化；"地方"是讲事理上要严谨规矩，代表静止收敛。

"圆"，又有圆满、完美的寓意。象征着周而复始、无始无终的至善至美，民间纺织品图案中团喜、团寿、团福的造型，以及团龙、团凤、团花，无不体现了汉族的"尚圆"思想。例如，团花将各种花鸟鱼虫等图案集中在圆形内，象征吉祥如意、一团和气；另有皮球花，也是圆形，比团花小。团花的图案在明清时比较盛行，常用于服装的前胸、后背、肩的部位，以刺绣的手法表现为主；皮球花常用于提花织物（图5-68、图5-69）。

图5-68　圆的构成秩序（陕西马甲、山西桌围）

图5-69　肚兜上的圆形图案

"方"有规矩的寓意，方形的图案给人稳定的感受，通常图案形式结构严谨，且疏密变化有序。方的构成在包袱布、枕顶的图案纹样中比较常见，这种构成与包袱布、枕顶的形状也有很大关系（图5-70~图5-72）。

图5-70　方的构成秩序（马面裙）

（a）方形构成形式　　　　　　　（b）外方内圆的构成形式

图5-71　包袱布的构成形式

图5-72　枕顶上的方形构成（东北）

在方、圆构成的秩序中可以明显体会到纹样追求"满"的形式感，"满"是完美的体现，有的几乎满到没有空隙，而且满的同时还要保证纹样的完整性，以满足求全的心理需要。视觉上的这种形式感与民间审美心理达到完美的契合。

四、"生生不息"的秩序

"大话流行，生生不息"是宇宙天地之道。日月轮转，四时更替，循环

无穷，古人把这种宇宙无时无刻不在按其自身规律变化的现象称为"大话流行"。这种"生生不息"的思想理念表现在纹样中，就是连续不断的严谨的结构。

连环式、回纹、工字纹、卐字纹等几何连续纹样，都体现了循环反复无穷尽的形式。民间蓝印花布纹样就有"卐字不断头"的说法（图5-73、图5-74）。

图5-73 各种严谨的几何纹

图5-74 蓝印花布纹样中"生生不息"的秩序

五、平铺的秩序

平铺的构成秩序是指图案内容的组织不讲究透视、虚实的空间关系，是一种自由的空间布局形式，体现的是主观愿望的心理逻辑。这种秩序主要用于场景的布局，通常采用多视角的平铺秩序，整体的构图是俯视，这样才能把要表现的内容全部收入画面，个体的造型是平视，这样又便于细节的表现。这种构图的方式，也有前后的空间关系，近处的在下面，远处的在上面。百子图中各种姿态嬉戏玩耍的孩童、山水风景中云水树石、亭台楼阁的布局，似乎只有这种平铺的构成形式才能表现这样丰富的场面（图5-75~图5-77）。

图5-75　山水风景　　　　图5-76　百子图　　　　图5-77　园林风景绣片（南通博物苑收藏）

第五节　民间纺织品纹样的色彩

　　色彩在民间纺织品中扮演着十分重要的角色，是民俗文化的一部分，受到自身民族文化大传统的制约，自觉或不自觉地遵守着封建社会等级制度的色彩秩序。同时作为平民性的文化，又有其特定的语言表达方式。

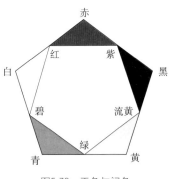

图5-78 正色与间色

一、色彩有贵贱

对于色彩的运用，中国古代就有严格的规范，主张"色之用，别尊卑，明贵贱。"用色彩区别尊卑贵贱的等级成为色彩标识性的功能之一。色有正色与间色之分（图5-78）。正色有青、赤、黄、白、黑，间色有绿、红、碧（缥）、紫、骊（流）、黄（骊黄）。中国传统的五色与五行、五方、五德有着对应的关系（表5-4），把五色、五行、五方、五德等自然的、宇宙的、伦理的、哲学的多种观念糅合在一起，使感性的实用的色彩渗入了哲理的价值观，形成了特有的色彩文化。也使得朝代的更替，不仅要"改元"，还要"易服色"。关于正色，文献上多有记载。

表5-4 中国古代正色、间色与五行、五方、五德的对应关系表

五色	青	赤	黄	白	黑
（五间色）	绿	红	骊（流）黄	缥（碧）	紫
五行	木	火	土	金	水
五方	东	南	中	西	北
五德	仁	礼	信	义	智

赤：《说文》云："赤南方色也，从大从火"，《易经·说卦》："乾为天……为大赤……"，可见赤之地位。在中国民间生活中，赤象征吉祥，代表喜庆、欢乐、美满，是民间最喜用的色彩。过年的春联是红的，鞭炮是红的，还有压岁钱的红包……，尤其是婚礼服饰中更是普遍的红色。

黄：《说文》云："黄地之色也。"《风俗通义·五帝篇》："黄者，光也，厚出，中和之色。德施四季，与天地同功。"《易经·坤卦》："黄裳，元吉。"宋朝王楙《野客丛书·禁用黄》："唐高祖武德初，用隋制，天子常服黄，遂禁士庶不得服，而服黄有禁自此始。"至唐，黄色成为皇室专用之色。

青：《尔雅》云："春为青阳，谓万物生也。"青代表生命。青虽为正色，

但观念上并不受重视，是平民阶层的象征。青色是民间纺织品上运用最广泛的色彩，这大概与青色比较容易获得有关，蓝草的大范围种植，使靛蓝染色在民间经久不衰。

白：《说文》云："西方色也，阴用事，物色白。"白色又称素色，是没有染污过的素净之色，有清白的寓意。从色彩学的角度来讲，白色是色光三原色的混合，是最浅的颜色，也是明度极色。

黑：《老子》云："玄之又玄，众妙之门。"玄即黑色，象征天的玄冥、神秘和晦明，是天地混沌之色，是自然母色。从色彩学的角度来讲，黑色是色料三原色的混合，是最深的颜色，也是明度极色。

上古有"夏尚黑，殷尚白，周尚赤"。在周代，服装的色彩和花纹已成为"礼"的重要内容。正色成为尊贵的颜色。《论语·阳货》中有"恶紫之夺朱也"；《论语·乡党》中有"君子不以绀緅饰，红紫不以为亵服"。这些是说君子取正色，而庶民只能穿间色。

正色尊贵，间色卑贱。历代朝廷官员的服色都有明确的规定，是等级差别的标志与象征，每个朝代又略有不同。关于平常百姓的服装用色也有规定，如《旧唐书》："……胥吏以青，庶人以白，屠商以皂，士卒以黄。""武德初，因隋旧制，天子谳服，亦名常服，为以黄袍及衫，后渐用赤黄，遂禁士庶不得以赤黄为衣服杂饰。"表明唐代开始黄色在民间被禁用。《明史·舆服志》亦有规定："庶人……杂色盘领衣，不许用黄。"生活在社会最底层的庶民，一般情况下只能用白、青、黑等颜色或混合色，只能穿戴"白衣"、"皂衣"、黑色的帽子，因而被称为"白丁""黔首"。

色彩有贵贱，除了正色的尊贵，还有一种尊贵是物以稀为贵，比如紫色，虽是间色，却因为其色难得，而变成尊贵的颜色，被运用在古代的官服上。色彩在实际的运用中除了特定的时代有特别的色彩禁忌与规范外，民间服饰的色彩运用还是比较灵活的，尤其是服饰图案的色彩搭配上，民间色彩的运用更多是由是否容易获得决定的，已有的色彩如何搭配更多是受习惯和观念的支配。由于色彩的感性特征，有些概念也是被模糊的，比如正色的"赤"和间色的"红"，通常我们认为赤就是一种红——正红或大红，而作为间色的"红"被认为是一种浅红。"中国人尚红"，这里的"红"应该就是正红，也是我们通常说的"中国红"，所以，有时"红"和"赤"是通用的。还有一个与红相关的词——"朱"，也被认为是大红，是正色。

二、色彩有吉凶

与宇宙、自然、伦理、哲学交织在一起的色彩是有生命的。民间纺织品上色彩运用不单纯是视觉的需要，它是一种语言，不仅论尊卑，还话吉凶。民间用色中，最吉利的色彩当属红色。《释名·释采帛》云："赤太阳之色也"[1]，红色属"阳色"，具有辟邪镇妖的魔力，是护身驱邪的首要保护色，所以小孩有红衣服、红裤子、红肚兜，女子要红装，以免鬼怪的侵扰。

过去，南通海门地区有挂红布条防"天花"的风俗。家中有小孩得了天花（俗称"出痧子"），就在屋檐下插根竹竿，系上红布条，随风飘摇，一是红色有冲喜、辟邪的作用，二是告知他人注意，避免传染。[2]现在仍然流行本命年穿红、饰红，来求得顺顺利利度过这特殊的时期。

五色中的黑、白两色属于无彩色系，它包含了宇宙中的一切颜色。民间黑、白两色常用作孝衣的颜色，丧事称白事，所以黑、白两色为凶色。现在民间孝服比过去已简化了很多，但仍有戴黑袖套、白花的习俗，也有些地区仍然保留了披麻戴孝的风俗。

因为色彩被赋予了这种属性，所以色彩的运用也就有了禁忌，色彩禁忌主要表现在特殊的场合与时期。比如喜事忌黑白；丧事忌红，以及热闹的暖色，过去在守孝期对服饰色彩也是有要求的。色彩的吉凶已被社会普遍接受与认同，从古代到现代，这种对色彩认知的认同感使人们在生活中自觉或不自觉地遵守和执行，并且还会继续下去。

民间日常生活中服用黑白也是有的，以男子为主；女子，尤其是年轻女子多服有色彩的服装；儿童的服装一般忌黑白的无彩色。

三、民间色彩的搭配

民间的服色大多以素色、深色为主，尤其是劳作的服装，从实用的角度讲，深色比较耐脏，深蓝色是较为普遍运用的颜色，这与蓝草的普遍种植有很大关系。纺织品纹样的配色有素色与花色的区分，根据工艺手段的不同、材料的不同，色彩的搭配也有不同。蓝印花布就是单色，彩色印花受制于染料的色彩；贴布纹样的色彩受制于零布的色彩，等等。色彩运用上主要表现为主观性、象征性

---

❶ 刘熙. 释名. [O]//文渊阁四库全书：第221册. 上海：上海古籍出版社，1987.

❷ 海门日报社. 民俗海门[M]. 南京：江苏凤凰出版社，2011.

和地域性的特征，色彩搭配运用手法上各地也形成了一套便于操作的方法。

（一）主观化的装饰色彩

民间服饰图案的色彩运用不受客观物象真实色彩的限制，受制的是材料的色彩，有什么色线、色布，就用什么，色彩的运用也是就地取色，所以主观的表现自由度较大，体现了民间的色彩审美的重要特征——主观化的装饰色彩，而非写实的色彩。这种色彩的运用是主观情感的直接表现，与前面讲到的主观化造型同出一辙。主观化的色彩也受制于礼制和民俗的机制，反映了民族审美的集体意识。

（二）象征性的符号色彩

民间色彩的运用也有一定的规范，尤其是特定场合的色彩运用。喜事用有彩色系的，所谓"红红绿绿，图个吉利"。红色在民间有红红火火、吉祥如意的寓意，又有辟邪的作用，是五色中的暖色，从视觉上来说，红色是最能渲染喜庆气氛的，所以民间喜事是离不开红色的。丧事用色一般以无彩色系的黑、白为主。而喜丧又会用红，年纪八九十岁的死者葬礼可称喜丧，这样的人福寿双全、德高望重，所以家人不会那么悲伤，虽是丧事，当喜事办，所以用红。这些色彩运用与色彩的象征性、色彩的文化内涵有关，也与"礼"的文化传统有关，是世代相传的文化习俗的形式表现。

色彩的象征性总是与特殊的场合相关联，色彩有了象征性的指意，便更加具有了可操作性和识别性的特征，从而成为约定俗成的色彩运用方式。

（三）地域性的色彩

我国地域辽阔，汉民族分布也最广，天南地北，各地的地形地貌气候各不相同，自然色彩也不相同，有黄土高坡、碧水青山、冰雪皑皑，也有火红日晒，从北到南，从人文到生活，方方面面都拥有明显的地域差异，色彩的运用上也有明显的不同。

一方水土养一方人，不同的地域、不同的文化孕育了不同审美倾向的人，一般来说，北方人热情奔放，南方人内敛含蓄，所以色彩的运用上也呈现出不同地区人的个性，北方地区的色彩浓重艳丽，南方地区的色彩素雅细腻。例如，江苏南通、浙江余姚、上海崇明等南方地区的色织土布色彩倾向朴素庄重，而山东的鲁锦，山西霍县、河北魏县的色织土布色彩艳丽，对比强。同为北方，魏县的色织土布配色中一般没有黑色，而霍县的土布中则可以看到有黑色的搭配。

再比如陕西民间刺绣喜用纯度较高的颜色，色调鲜艳明快，喜庆热闹，体现了陕西人豪放粗犷的性格与热烈情感，而苏州的刺绣，用色丰富细腻，色调优雅，体现了完全不同于北方的文化审美意识。众所周知的四大名绣，所处地域不同，在色彩的运用上也体现出各自的地域色彩差异，从而形成了各自的特征。

东北的大花布，典型的民间色彩搭配——红配绿，原是卧室被单面料专用，色彩饱和度高，所谓的大红大绿代表的是红男绿女。江苏农村地区，也有大花布，如图5-79所示，同样是红绿配色，相比东北大花布的粗犷，用色层次更加丰富，造型也更加细腻。

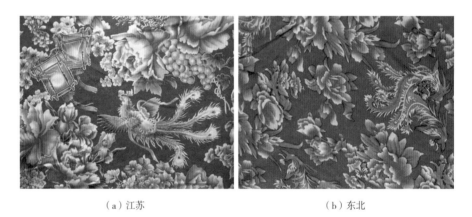

（a）江苏　　　　　　　　　　　　　（b）东北

图5-79　民间大花布色彩对比

色彩的地域性特征不仅表现在南北的差异，还表现为城镇与农村的差异。城镇是社会发展中逐渐形成的人口相对密集的地方，也是商品贸易、经济发达的地方，相对农村来说，城镇中的文化交流、商品交易更加频繁，可接受的信息多，思想上也相对开放，在色彩的运用上更具时代气息。而农村地区的色彩运用相对保守，色彩纯度比较高，对比强，乡土气息也比较浓。

（四）民间色彩和谐的处理手法

民间色彩搭配的运用总体上来说色彩比较鲜艳，纯度比较高，如何协调色彩之间的对比关系和视觉冲突？在长期的色彩运用中，民间也形成了一套行之有效的方法。民间有这样的配色口诀："光有大红大绿不算好，黄能托色少不了"；"软靠硬，色不楞。黑靠紫，臭狗屎。红靠黄，亮晃晃。分青绿，人品细。要想俏，带点孝。要想精，带点青"；"红间绿，花簇簇"；"红搭绿，一块玉"；"红间黄，喜煞娘"；"女红、妇黄、寡青、老褐"；"艳不俗，淡相宜"；"色多不繁，色少不散"；等等。这些都是民间配色的经验与用色规范，这些经验口诀通过口口相传而代代相承。

以现代的色彩理论来总结民间色彩调和对比色的方法，主要有以下几种：

一是利用色彩面积的大小来控制主色调，以一种或一组色为主，通过面积的对比来协调，大面积的色彩决定色调，小面积的对比色点缀。所谓"万绿丛中一点红"就是通过面积的对比来调和色相对比的典型例子。

二是运用黑、白、灰、金、银来协调高纯度的对比色。利用无彩色系的黑、白、灰和具有光泽的金银色来调和缓冲色彩间的对比，达到视觉上的稳定与调和。

三是渐变的手法。渐变是指色彩的逐渐过渡，可以达到视觉上的协调效果。色彩的渐变有色相的渐变、明度的渐变、纯度的渐变。渐变手法可分为分色渐变和晕染渐变。分色渐变就是将一块需要装饰的面，分出色彩层次，由一种颜色通过几个梯度的色彩过渡到另一种颜色，达到转折起伏的效果，如刺绣中的套针表现的就是分色的渐变效果。晕染的色彩渐变是通过色彩浓淡的逐渐变化来实现的，没有明显的色彩界限，是一种视觉上很自然的过渡。晕染的手法常用于表现细腻的色彩层次关系，如印染工艺的写实花卉。渐变用于对比色相的过渡中，可以缓冲对比色的不协调。

民间纺织品上色彩的运用受制于材料、工艺，但其在秉承传统的前提下，最大限度地发挥着本有的特色。

第六节　民间纺织品纹样的文化根源

民间纺织品图案是用来装饰纺织品的，看起来没有什么实用价值，却成为纺织品中不可缺少的部分，从而受到广泛的重视，还衍生出多种工具、材料及表现技法。装饰是情感的需要，装饰图案不是再现而是表现，所以装饰是一种高级的思维，是主观对客观的认识与理解，主观的思维不是没有来由的，它有深层的文化根源，并潜移默化地影响着装饰的思维，使民间纺织品的装饰形式独具特色。

一、混沌的思维

混沌的思维方式是指"把感知世界与想象世界的一切事物交融汇合一体的思维运动方式"❶，这种思维方式基于"万物有灵"的宇宙观。混沌思维使不同的事物相互渗透，混同一体，使个体对集体绝对的认同与依附，使文化的继承具有了集体的强制性。万物有灵，人与自然的沟通就有了基础。没有客观规律限制的思维，就可以自由想象与联想，表现在纹样的造型与用色上就是意向的表现方式，不受客观的经验限制，而是主观的理想表达。人可以比景物大，老虎可以五颜六色，形态上可以既像莲又像鱼、既像花又像蝶，造型可以似是而非，色彩可以随心所欲，有着儿童画的天真烂漫。正是这种思维方式孕育了民间纺织品纹样的持续生命力。

二、原始的生命崇拜

原始的"生命崇拜"意识是人类及一切生物最基本的群体意识，人类所有的发展都建立在生生不息的生命繁荣上，所以人类的生存繁衍，是我们祖先世代追求的目标。由于古代对生殖缺乏科学的认识，很多不可控因素影响着生殖繁衍，也使人类的繁衍变得越发神秘而神圣，围绕"生"的健康、安全、生存、繁衍的主题，民间的巧手创造了大量的关于爱情、婚姻、生育等内容的纹样，来祈愿家庭人丁兴旺。那些威胁到身体健康、安全、繁衍、生命的因素，特别是神秘的因素，也祈愿能够平安地避开，小孩穿的百家衣是从百家各取一块旧布片拼合起来做成的服装，并不是因为贫困，而是希望得到大家的祝福，健康成长。"生命崇拜"体现了对超自然力量的敬畏，而民间纺织品图案是这种原始崇拜的表达方式。

---

❶ 杨学芹，安琪. 民间美术概论[M]. 北京：北京工艺美术出版社，1994.

三、二元对立的思想观

二元对立的思想观是指人的内心产生的好恶、吉凶、是非、非此即彼的一种思维观念。有积极的就有消极的，有正义的就有邪恶的，这就是所谓的阴阳。阴阳观念作为最基本的哲学观念在人们的头脑中是根深蒂固的。有了二元对立的思想，才有了人类对错、取舍的标准，取积极的、正义的、阳性的，避消极的、邪恶的、阴性的。民间色彩运用"一红一绿互衬互映，正是阴阳的形象贮存。"❶人们都希望"邪不压正"，民间纺织品图案中以正辟邪的现象是常见的。人们总是能把自然界中的一些物象分出个阴阳的属性，如虎、鹿、鸡都是所谓阳物，因此以正的形象出现，来趋避那些阴性的鬼邪恶毒；色彩也有吉凶之分，红、黄是吉色，黑、白是凶色，所以民间服饰用色是要有顾忌的，尤其是小孩的服饰，总是用纯度较高的鲜艳色，也是这个道理。所以，民间纺织品纹样也是阴阳系统的物化表征。

四、朴素的辩证思维

宇宙事物是对立统一的，好比太极图中的黑白组成的完整的圆，既相互对立又相互依存。因此，二元的对立也不是绝对的，一切力量都在相生相克，互相转化——这是我们祖先思维的精彩之处。任何一个消极的因素都可以转化为积极的因素，祸福相倚，善恶互转，这种朴素的辩证思维观在民间服饰有个典型的实例那就是"以毒攻毒"。民间儿童的五毒肚兜绣有青蛇、蜈蚣、蝎子、壁虎和蟾蜍形象，这五毒是儿童避之而不及的，将这种形象绣在儿童的贴身肚兜上，是因为毒可以攻毒，期望小孩免遭五毒的伤害。这是多么有意思的一种愿望表达。白、黑虽然是凶色，单纯的黑、白衣饰是不吉利的，但也不是绝对禁用的，只要与其他色彩搭配就可以使用。这种辩证的思维方式使人们的思维永远具有变通性，没有绝对，只有相对，总有办法解释与解决迷惑与困境。这也是平常百姓总能积极乐观地面对一切的思想基础。

五、象征性的思维

中华民族具有一种特殊的思维方式，就是习惯于使用象征手法。❷这种思

---

❶ 英若识. 民间色彩随想录[J]. 艺圃（吉林艺术学院学报），1990（2）：16-24.

❷ 祁庆富. 中国吉祥物研究[M]//钟敬文，苑利. 二十世纪中国民俗学经典. 北京：社会科学文献出版社，2002.

维方式通过联想来实现，借现实中有形的物象来说明一些抽象的概念和思想情感。民间纺织品纹样中运用象征性思维方式的比比皆是，这种思维方式轻而易举地将本来抽象的愿望转化成了可视的形象。所谓吉祥图案、吉祥的寓意，都是象征性思维赋予的。

象征是一种思维方式，也是一种表现手法。象征作为民间艺术的一个突出的表现方式，它使纺织品图案中几乎所有的吉祥愿望，都可以找到对应的物象。福——蝙蝠、佛手；禄——元宝、铜钱；寿——桃、鹤、鹿、松；喜——喜鹊；平安——瓶；和合——盒、荷；修养——琴棋书画；人品——梅、兰、竹、菊；多子——石榴、葡萄、莲子、枣、花生；人生的飞跃——鲤鱼跳龙门；辟邪——老虎；等等。本来平常的自然物象，因为赋予了特殊的含义而变得与众不同。这种思维也让图案内容变得更加有趣而耐人回味。

这种具有中华文化特色的象征性纹样依赖于一定的社会人文环境，现代人对纹样的装饰性追求大于对象征性的追求，具有吉祥意义的纹样在民间艺术中仍然表现出旺盛的生命力，比如在民俗节日、婚庆中，纹样的装饰还是要讨个吉利的，这种对美好生活的积极向往态度是没有时代的差别的。

第六章 汉族民间传统印染织绣技艺的传承与发展

第一节　民间传统印染织绣技艺的传承

　　中国古代纺织类技艺的传承分为宫廷和民间两大系统。前一类是官府组织的为宫廷贵族服务的，是官营工厂的形式；民间传统的纺、织、染、绣、缝等纺织类技艺的传承在相当长的时间里都是在家庭的组织结构中进行的。《汉书·地里志》："男子耕种禾稻，女子桑蚕织绩"，这种男耕女织的社会分工使纺织成了古代妇女的生活方式。明代董宪良《织布谣》中"朝拾园中花，暮作机上纱，妇织不停手，姑纺不停车"描述的就是家庭纺织生产的忙碌景象。《孔雀东南飞》中的刘兰芝"十三能织素，十四学裁衣"，也是自幼在家里学得的本领。所以，家庭模式的技艺传承是传统纺织技艺的主要传承模式。这种模式一般又分为自给自足的家庭生产与作坊形式的家庭手工业生产。

一、民间传统技艺传承的方式

（一）家族传承

　　家族传承是以血缘关系为纽带的传承关系，父传子、母传女的形式。家族传承是传统纺织技艺传承的重要形式，在家家有织机的年代，母亲教女儿纺织、刺绣是自然而然的一种生活方式。民间的纺织、刺绣传承也表现为一种相对开放的形式，如女子之间刺绣技艺的交流与促进。

（二）师徒传承

　　这是传统伦常关系中的一种非常重要的非血缘关系，常言道："一日为师，终身为父"，可见这种关系中师父的地位。师父在技术上具有绝对的地位，师父既要教技术，也要教做人，在传承技术同时，还要传承职业的精神，就是我们现在说的工匠精神。

　　以工业化的标准生产，用数据化的度量技术，生产出来的是冰冷的复制品，师徒传承的手工技艺充满人文关怀，产品是有温度的。这种传承是技术的传承，也是精神的传承，更是责任的传承，正因为此，一门手艺才能代代相传。

家族的传承与师徒的传承也不是完全独立的。有的也会从家族传承发展为师徒传承，也有从师徒传承发展为家族传承。家族传承关系中为了保护一些关键技术，也会立一些类似传男不传女的规矩，也算是技术产权的一种保护措施。

（三）家庭生产传承的形式

1.言传身教

这是一种口传心授的直接传授的方式，母女、婆媳、父子、师徒的口口相传的传承方式，也是民间纺织品技艺传承的主要方式。

2.物化的传承

物化的传承是指手工技艺的生产工具，如纺车、织机等。另外，刺绣的剪纸花样、印花的刻版、镂空版等也是物化传承的内容，通过复制、替样的手段，将一个好的图案形式保留下来，并且代代相传。物化的传承是技术传承的基础。

3.经验诀窍的总结

经验诀窍是在长期的手工制作中，形成的一套操作规范，以及一些经验的总结，以口诀的形式，代代传承下来。例如，南京云锦老艺人处理图案的诀窍"量题定格，以材趋势"；湘绣讲究"平、齐、净、亮、密、活"。

二、民间传统技艺传承的特征

（一）地区差异性

无论是家族传承还是师徒传承，其技术传播范围都相对固定且稳定，通常都在家族范围内，或是在技艺传承的谱系内，这种传播的方式决定了它能保留住各自传承谱系的特征，以及与其他地区的差异性。即便是刺绣这种民间女子都要掌握的技术，也由于交流的范围相对稳定，而具有明显的地域性特征，才有了苏绣、蜀绣、粤绣、湘绣四大名绣，还有鲁绣、汴绣、汉绣，黄梅的挑花，阳新的补贴绣，山东的割绒。这种地区的差异也是由各地自然环境、人文环境、生产条件等方面的因素决定的。例如，香云纱染整工艺，要用珠江支流的河泥，所以这种工艺主要集中在珠江流域。蓝印花布因为蓝草的种植范围较广，而在很多地区都有，但因为地区文化的差异，在图案上也会有一定的差异。同样是彩印的工艺，山东的是彩印花布，而浙江的是彩色拷绸，差别在质料和图案上。所以各地的纺、织、绣、染工艺的传承是在各自的区域范围内，根据自然、人文、经济等方面的条件不同，而形成各自的特征。地区的差异性，决定了我国民间纺、织、绣、染的丰富性。

（二）性别倾向性

在印染织绣的技艺传承中，不难发现其传承主体的性别倾向性。根据国家级纺织类非遗名录统计，织造、印染类技艺传承人以男性为主。农业社会"男耕女织"的社会分工，让我们普遍认为纺织的传承主体是女性，民间的土布织造技艺的传承人是女性，而高端的织造技艺传承人却是以男性为主，比如南京云锦木机妆花手工织造技艺、苏州缂丝织造技艺、蜀锦织造技艺、夏布织造技艺的传承人都为男性。印染类的，如香云纱染整技艺、蓝夹缬技艺、南通蓝印花布技艺传承人也是男性。刺绣技艺的传承主体以女性为主。这可能与织造、印染工序的复杂性有关，而且有的工序需要一定的体力来完成，比如刻版。刺绣相对于织造和印染，从工具材料来看就要简单得多，有了针、线、面料、绣花绷，有的甚至没有绣花绷，都可以刺绣，与操作织机、刻版印花相比，似乎更加方便，也适合足不出户，这大概也是刺绣成为女性艺术的原因吧。

（三）保守自发性

保守自发性是传统社会里自给自足的家庭生产与作坊形式的家庭生产的共性特征，尤其是这种生产与生计、生存相关联的时候，这种特征更为明显。掌握的技艺是立足社会、养家糊口的本领，所以保密不得外传的家规或是行规犹如我们现在知识产权的保护，一方面它保证了某个群体生存的饭碗；另一方面也保证了技艺传承的纯正性。传统手工艺的保守自发性决定了它传承的单线形式，母传女、父传子、婆传媳，一对一地代代相传。

三、民间传统技艺传承的利弊

传统的传承方式建立的是相对封闭的传承关系，如过去夹缬雕版技艺传媳不传女，保证了这种技艺不流外姓，有利于技艺流派的纯正风格的维系与传承体系的完整；同时也有利于价值观、审美观的一脉相承；有利于职业操守与工匠精神的形成；有利于传承人员的紧密联系。

随着社会经济文化的发展，审美需求的变化，传统生产方式中，技术也会顺应时代的变化与发展，这种发展变化时间相对较长，从简单组织到复杂组织的变化，从麻纺到棉纺的发展，都经历了很长的时间，当大范围的技术革新与祖制相违背时，阻力就会相对大些，所以保护了传统技术产权的同时，一定程度上也扼制了技术上的创新；另外，过于封闭也会带来传承上的局限性，从而加大了技艺失传的风险。

第二节　民间传统印染织绣技艺的生存现状

一、民间传统技艺的现状

18世纪60年代开始的工业革命，以蒸汽机的广泛使用为标志，开始了纺织工业的机械化。19世纪自然科学全面繁荣，被称为"科学的时代"；20世纪是电力全面广泛应用的时代，是电器、电子、电脑的时代；21世纪进入了"信息时代"。短短二三百年的时间里，科技的发展之迅猛前所未有，这些发展使人们的生存、生活方式也有了翻天覆地的变化。当然这种变化也是必然的，但在这种迅速发展变化的潮流中，传统的手工技艺面临着巨大的生存困境。纺织类的传统手工技艺传承到现在，正在逐渐失去它原有的生存土壤，有的已经面临后继无人的局面或是失传；有的手工技艺仍保留着作坊的生产形式，由于手工生产的效率较低，价值回报小，使得这一类的生产规模和产量都比较小，市场需求也在萎缩；有的手工艺在研究所里得到了很好的传承与发展，并开发了新的产品和市场；还有一些手工技艺与现代技术相结合，既保留了传统技艺的特色，又融合了现代科技的元素，使传统手工艺得到了传承与发展。

由于纺、织、绣、染等传统工艺的技艺、适用范围、需求的不同，在现代社会中它们的发展状况表现出明显的差异性。

（一）自给自足的生产

在传统社会里，纺纱织布是日常生活的一部分，生产的布匹是维持家用、贴补家用的重要部分。图6-1是1950年的武强年画《男耕女织快发家》，说明在20世纪50年代，这种男耕女织的传统生产模式还比较普遍。随着社会的发展，这种自给自足的生产在现代化工业生产与市场经济的大环境下变得毫无生存力。用以满足自己生活需要的自给自足的生产方式在传统技艺的持续性发展中已失去了明显的优势，比如南通的色织土布。过去农村家家有织机，现在，织机都当柴火烧掉了。南通色织土布非遗的唯一传人毛素娟现已九十多岁，浙江余姚土布的传承人王桂凤也八十多岁，都面临手艺后继无人的困境，没有了传承主体，技艺也就无法传承下去，所以，面临失传的主要是传统手工织造的技艺。目前山东、河北、山西民间仍然有土布的生产，这种生产已不完全是为了满足自己生活的需求，也开始步入市场，但完全手工的纺织生产产量低，市场竞争力弱，而且同样面临传承人老龄化的局面。

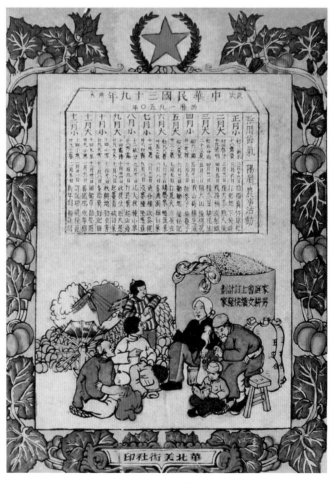

图6-1　武强年画《男耕女织快发家》

再如香云纱的织造工艺、捶草印花工艺也一度面临传承的断层，好在这两项工艺现在都得以恢复，但因为手工生产的效率太低，还没有真正地进入市场。所以，传统手工艺的传承需要市场的有力支撑，更需要技术传承的支撑，自给自足已不能成为传承的动力。

（二）传统家庭作坊的生产模式

有市场有需求，就有生产。民间现在还保留有传统手工作坊生产模式的也不在少数。但是手工作坊的生产在生产效率与市场占有率上仍然存在问题。由于缺乏科技创新，跟不上时代潮流的发展，从业人员也越来越少，有的也面临失传的困境。

夏布一直是手工纺织的特色产品，除了满足生活之需，也是家庭的重要副业。近代，夏布仍是江西、四川、湖南、福建、广州等地区农村的重要手工业之一。除小部分供应国内市场，大部分都销往日本、朝鲜，以及南洋诸岛等。现在，江西的夏布还基本保持着手工织纱、浆纱，土织布、机织布的传统工序，每年的产量占全国夏布生产总量的80%，主要有海外市场与内销市场两大块，但是市场需求并不稳定，传承人的培养也面临很大问题。

在对浙江桐乡彩色拷花的调研中发现，彩色拷花在民间的传承与发展现状不容乐观。目前仍在做拷花的是海宁黄湾大临村村民邬韵生老人，前几年浙江桐乡印彩色拷花的作坊还有四五家，大多以夫妻店的形式经营，男人负责印花等力气活，女人则从事收货、配色、晾晒等辅助工作。现在这些作坊也基本不做拷花，而以做染色为主，桐乡地区偶有拷花的订单，也是送到大临村邬师傅那里去做。邬师傅说，近两年彩色拷花的订单已经很少了，十年前他的作坊还能养活两个人，现在养活一个人也困难了。邬师傅现在只做来料加工，赚取的只是印花加工费，用的是化学的酸性染料和直接染料，纹样也是传统的凤穿牡丹、龙凤呈祥等几个传统的版子，没有需求也就没有创新了。邬师傅今年69岁，等到他干不动了，以后估计也就没有人再做了。在家家都纺纱织布的年代，浙江桐乡、海宁地区每个镇都有染坊，有的村子还有集体的印花作坊，后来受到商业社会冲击，工匠们为了追求效益，被迫简化工艺、缩短工时，出现了花型单一、套色减少、对版不准和色牢度差等现象，传统技艺正逐渐被粗陋化。目前彩色拷花工艺依靠当地独特的婚俗习惯维系

着最后的生存空间，一旦地域风俗被打破，其生存态势堪忧。❶

与浙江地区的拷花生产相比，南通二甲的两家蓝印染坊情况要好许多。一家是正兴染坊，主要由王振兴老人和他的三个儿子支撑，典型的家族生产模式。他们坚持传统小青缸染色工艺，并在染坊中建有全国不多见的蓝靛小青缸，作为家庭作坊式的私营企业，他们因地制宜地保持了传统家庭式染坊的生产方式，坚持以传统的"小青缸""土靛"进行染色，以传统的特色吸引了一大批顾客。❷另一家是曹裕兴染坊，也是家族生产经营的模式，是南通蓝印花布生产的老字号，通过对传统染色工艺的改良，采用国内生产由日商检测通过并认可的"还原蓝靛粉"染色，使蓝印花布生产的效率得到提升。前几年的消费市场主要是由日本、中国台湾、中国香港等出口市场和内销市场两大板块构成，近几年的订单更多来自国内的市场。

（三）企业规模化的生产

有一部分手工艺也进入企业规模化的生产，这类手工艺在技术上都有一定突破，且具有了一定的市场竞争力。以下是几个比较有代表性的企业，而且都是在传统染色工艺上有所创新的，完全重复过去已很难生存。

通州二甲印染厂，拥有蓝印花布复色印花的特色产品，该产品通过对图案中部分纹样进行染色次数的控制，从而达到深浅色层次相间的色彩效果，该技法丰富了蓝印花布的染色技巧，使传统蓝印花布富有独具一格的色彩韵味。

江苏华艺集团，倡导"艺术染整"，致力于传承扎染文化与现代扎染的创新。在革新原有的图案艺术、传承古代结扎技法和现代染色工艺三者结合的基础上形成了独具特色的彩色扎染。它利用扎缝的宽、窄、松、紧的差异造成的深浅不一和色彩渗透形成的晕色效果，使色彩扎染形成了一种朦胧流动的风格。经过扎染技工和科研人员的不断探索研究……其乱花染、注染、皱褶定型、吊染、段染、拔染和喷、拓、绘等工艺生产的现代扎染产品……色彩鲜艳、美观大方，深受消费者喜爱。❸

广东的顺熙晒莨厂，以传统的手工艺结合现代的洗染技术，开发了一系

❶ 盛羽. 桐乡彩色拷花溯源及其艺术特色[J]. 纺织学报，2012（9）：116-121.

❷ 龚建培. 江、浙两省自然染色企业现状的调查与分析[J]. 丝绸，2004（7）：44-47.

❸ 王其银. 江苏·海安风物志[M]. 北京：新华出版社，2006.

列的特殊色莨绸。传统的香云纱只有黑和咖啡两种颜色，他们对香云纱的染色进行了改良，目前已可以生产加工红、绿、蓝等多种颜色，同时还具备裂纹等形式。每年的产量达到150万米，产品远销美、日、法等国。

（四）研究所里的传承

这一类传统技艺的传承有相对完善的保护传承方式，已经从民间技艺向更高端的艺术方向发展，有相对稳定的市场需求。

近两个世纪以来，以四大名绣为代表的传统刺绣基地，因地方经济发展的需要，刺绣已成为新兴的手工业。除了苏绣、粤绣、蜀绣、湘绣，还有鲁绣、瓯绣等地方绣种，以及织锦、缂丝等，也逐渐都成为地方经济发展的重要项目。各地设立相应的研究所，传承传统工艺，开发与生产织绣产品。例如，苏州刺绣研究所，湖南湘绣研究所，蜀绣、粤绣研究所，南京云锦研究所，成都古蜀蜀锦研究所等。这些研究所里云集了刺绣、织造的高手，培养了众多的艺术家与工艺美术师，并且不断地创造和革新传统的技法，创作了无数的艺术珍品，还编写了各种特色的刺绣、织造方面的著作。例如，《湘绣史稿》（杨世骥，1956年）、《南京云锦》（南京市文化局云锦研究组，1958年）、《苏绣技法》（李娥英，1965年）、《苏州刺绣》（苏州刺绣研究所，1976年）、《中国民间刺绣》（王亚蓉，1985年）、《南京云锦史》（徐仲杰，1985年）、《广绣》（陈少芳，1993年）、《湖南民间刺绣挑花》（李湘树，1994年）等。这些著作对民间织绣的传承与发展产生了深远的影响。

二、民间传统技艺发展现状的分析

民间传统的纺、织、染、绣等技艺在传统社会中得到了充分的发展，重要的原因是这些手工技艺与生活紧密联系，甚至成为生活的重要组成部分。现代社会工业标准化生产的方式，使民间的这些手工技艺失去了生存的沃土。越是现代化的地区越是少见民间的手工技艺，很多大城市已经看不到了，只有在一些相对封闭的边远地区，民俗生活保留相对完整的环境中，还保留着传统的生产方式。正如王文章在《非物质文化遗产概论》中所言："这一方面是社会发展必然性的影响；另一方面，不能不看到，这种影响的后果是传统文化、弱势文化的加速消亡，它体现的特定民族或群体的文化精神和人类情感、特有的思维方式、传统价值观念和审美思想，将为现代工业社会所产生

的不稳定的文化观念所消解或代替。"❶

（一）文化的融合、社会价值观的重塑，改变了对纺织品审美的倾向

从清末至民国，从抗战到中华人民共和国成立，再到改革开放，在这一百多年的风雨变化中，人们的生活发生了巨大的改变。中国传统文化受到巨大的冲击，传统的审美受到质疑。以服装为例，民国时期的学者张竞生先生就认为中国传统的代表"礼"制的服饰是"带水拖泥，蹩步滑头"❷。近一百多年来，对于外来文化的影响，民间服饰上有被动的接受，有主动的吸收，也有主观的排斥，人们重新建立起了社会价值观与审美观。服装的等级被消除，服装的地域性被弱化。人们的审美很大程度上受到社会风尚的影响，社会风俗从"西俗东渐"到"中西融合"，到现在的"国际化"，人们逐步摆脱了传统规范的约束，却进入了另一个流行的圈套。社会价值观念、审美观的重塑，导致了人们主观上对民间传统服饰的放弃，从一定程度上说也是对传统手工艺的放弃。现代工业化生产的面料品种多样、色彩图案丰富，服用性能也越来越好，有那么多的选择，为什么还要选择传统工艺的纺织品呢？

（二）生活方式的改变，以及现代工业化的生产方式取代了传统手工艺

生活方式是指在地域特征下形成的劳动、生活习惯。民间传统手工技艺是在以小农经济为基础的生产方式下，在不同的地域文化氛围里传承发展的。当社会的分工不再是家庭式的"男耕女织"，生活的内容也不再是"日出而作，日落而息"，丰富的生活形式，使得传统服饰的实用性迅速减退。原来田间劳作的适用服饰如何进入车间、办公室、娱乐场所等公共场所？传统民间服饰失去了生存发展的空间，围绕民间服饰的各种女红技艺没有了用武之地。即便是一些相对封闭的地区，如贵州屯堡、广西高山汉族，传统服饰现在仍然在日常生活中占有重要的地位，但是，他们服装的用料，以及服装上的刺绣也已是工业化的成果了。

现代纺织染绣的生产技术带来的是批量化的成品生产，体现了手工无可替代的效率，可以满足广大消费者的需求，大大凸显了纺织类产品具有的商品特性，为现代人追赶时尚潮流提供了可靠的物质保证，使纺织服装产业蓬

❶ 王文章．非物质文化遗产概论[M]．北京：教育科学出版社，2008．
❷ 张竞生．美的人生观[M]．北京：北京大学出版社，2010．

勃发展。传统的手工织布，又如何满足现代人的需要，生活的节奏与传统生产的效率不匹配。另一方面，妇女们走入社会，撑起了半边天，也失去了那份恬静心情的耐心，传统的手工技艺慢慢地被忽视，甚至失传，传统手工艺也失去了生存发展的技术条件。

（三）让传统手工艺适应新的土壤，并给予肥料的滋养

民间传统纺、织、绣、染的生产主要是为了满足生产者自己的生活需要，尤其是在农村。现代纺织类的生活用品已形成了一个巨大的市场，并且以机械化生产为主要生产方式，市场的供应已经能够满足生活的基本需要，传统的手工技艺产品从经济实用的角度来说没有优势，从时尚的角度来讲又缺乏创新，所以没有竞争力，淡出市场也是发展的趋势。

既然传统的生存土壤不能恢复，就应该让传统的手工技艺适应新的土壤环境，也只有适应才能生存。江苏华艺集团的现代扎染就是很好的实例，将传统手工扎染技法与现代染整技术结合，在技术、材料、技法上都有创新，来适应市场的需求。

传统技艺是有历史、有故事的，尤其是传统图案，更是内涵丰富，运用讲究，从文化的角度重新认识发掘它们的价值，赋予它们新的时代意义，现在比较流行文创产品很多是与传统技艺相结合，这是非常好的思路。例如，缂丝技艺在现代高级时装上的运用，传统手工刺绣在围巾、提包等现代服饰品上的运用，传统手工印染面料的现代服饰、家纺产品的开发。将传统与现代生活、时尚潮流相结合，为传统手工艺提供发展的空间。

（四）传承不仅是技艺的传承，也需要传统观念的传承

很多传统技艺是与传统观念密切相关的。在物质比较匮乏的时代，崇俭惜物的观念代代相传，一块小布头也是舍不得浪费的。以前有了小孩的家庭，邻居们都送块零布头，这些零布再拼接成百家衣，这件衣服就承载了邻居们的祝福。零布头还可以用来做贴布绣，可以做布玩具等。那些今天看来格外精致的民间拼布绣活都是在惜物的观念指导下发展到极致的。过去整布是舍不得随便剪碎的，所以传统服装的裁剪上开刀是极简的，传统服装是平面的裁剪，裁剪服装多余的零布也比较方正。零布再小也要让它物尽其用。现在社会物质丰富，随之惜物的观念也被丢弃，谁还会为惜物去做拼布，初衷变了，做出来的东西味道就变了。文化的可持续发展需要建立在传统文化的基

石上，文化创新的高度往往取决于对传统文化遗产发掘的深度。❶所以，传统技艺的传承不仅仅是技术层面的传承，也需要传统观念文化的传承。事实上，很多传统的观念对现代社会的可持续发展是有积极意义的。

第三节　民间传统印染织绣技艺的发展空间

一、民间传统技艺与非物质文化遗产

对于传统的纺织类技艺，从20世纪开始就被老一辈工艺美术家所关注，也一直是工艺美术研究的重要部分，在手工艺逐渐被淡忘和消失的过程中，出于保护传统工艺美术的责任感，很多精美的民间纺织品被收录进工艺美术类的书籍，如各地的蓝印花布，各地的民间刺绣、彩印花布等都有相关书籍的出版，这些书籍保存了大量的图片资料。从这些资料中也可以看到，从工艺美术的角度研究的民间纺织技艺更多的是在物化的产品以及图案上，从外观的形式到内在的文化都备受工艺美术家的关注。

除了上面讲到的物化形式以及物化形式的内在精神，工艺美术中重要的部分还有工艺技术，它是实现所有物化形式的手段和前提，传统工艺的产品越来越少就是因为传统工艺技术的失传。

纺织类传统手工艺的失传从某种角度讲是必然的，传统手工艺是传统文化的产物，从这个角度说，手工艺的失传，也是传统文化的消失。民间手工艺对于研究我国农耕社会人们生活、民俗风情，以及意识形态等都具有重要的参考价值。所以"非物质文化"的提出对传统手工艺有了新的认识与定位。

根据联合国教科文组织的《保护非物质文化遗产公约》定义的"非物质文化遗产"包括口头传统和表现形式；包括非物质文化遗产媒介的语

---

❶ 王文章. 非物质文化遗产概论[M]. 北京：教育科学出版社，2008.

言，表演艺术，社会实践、仪式、节庆活动，有关自然界和宇宙的知识和实践，传统手工艺。汉族传统染织类手工技艺进入国家级非物质文化遗产名录的，目前已有39项（见附录），各省、市级的纺织类手工技艺的非遗名录还有更多。

非物质文化遗产名录是保护非物质文化遗产的一种方式。为使中国的非物质文化遗产保护工作规范化，国务院发布《关于加强文化遗产保护的通知》，并制定"国家 + 省 + 市 + 县"共4级保护体系，要求各地方和各有关部门贯彻"保护为主、抢救第一、合理利用、传承发展"的工作方针，切实做好非物质文化遗产的保护、管理和合理利用工作。这是一个很好的契机，为正在逐渐消失的手工艺的传承提供了有力的支持和法律的保护。目前在非物质文化遗产保护中取得斐然成绩的主要有三个方面的力量，一是民间团体；二是科研机构；三是高等院校。他们在收集、记录民间遗存，挖掘、研究、传播中华文化，保护、传承纺织服装类手工艺，开发传统手工艺的现代产品等方面做出了突出的贡献。

二、博物馆、传习馆的收藏与文化传播

博物馆、传习馆是收藏历史见证的地方。有关纺织品织造、刺绣的物品进入博物馆也不是新鲜的事。例如，中国丝绸博物馆、苏州丝绸博物馆、成都蜀锦织绣博物馆等，这些博物馆的收藏级别比较高，代表最高织造绣技艺的宫廷用纺织品收藏较多。民间的生活用品因为习以为常，导致了被关注度的降低。曾经是生活重要组成部分的民间传统纺织品与服用品，因其生产方式的改变，或实用价值的减退，开始在日常的视觉范围内逐渐消失，但其还没有完全退出历史，它所承载的丰富内涵，使之成为收藏的新内容。很多具有责任感的有识之士开始关注民间纺织品的潜在价值，并通过各种渠道收集民间遗存。有了一定量的收藏，各种博物馆、传习馆也就应运而生了。尤其是随着国家非物质文化遗产工作的推进，越来越多的高校加入非物质文化的保护与传承工作，开展了大量的抢救工作，纺织服装类的高校首先做的就是民间纺织品服饰用品的收藏。表6-1是近二十年来创办的收藏民间染、织、绣的部分机构，表6-2是收藏民间服饰的部分院校与机构。这些博物馆、传习馆，为纺织文化历史的传播提供了场所，也为纺织历史文化的研究提供了有力的支撑。

表6-1　民间染、织、绣收藏机构

收藏机构	成立时间	地点
南通沈寿艺术馆	1992	江苏南通
南通蓝印花布博物馆	1997	江苏南通
无锡民间蓝印花布博物馆	2004	江苏无锡
魏县土纺土织印花布收藏馆	2007	河北魏县
香云纱文化遗产保护基地	2009	广东顺德
采成蓝夹缬博物馆	2010	浙江瑞安
联升斋刺绣艺术博物馆	2014	天津
新余夏布绣博物馆	2014	江西新余
台州府城刺绣博物馆	2015	浙江台州
崇明土布馆	2017	上海崇明
中国夏布博物馆	2018	重庆荣昌
秀云艺术非遗工坊	2018	河南三门峡

表6-2　民间传统服装与服饰的收藏机构

收藏机构	成立时间	地点
宁波服装博物馆	1998	宁波
北京服装学院民族服饰博物馆	2001	北京
江南大学民间服饰传习馆	2005	无锡
江西服装职业技术学院服饰文化陈列馆	2008	南昌
上海纺织服饰博物馆 （原东华大学纺织史博物馆和东华大学服饰艺术博物馆）	2009	上海
中国妇女儿童博物馆	2010	北京
岭南服饰博物馆	2010	广州
华夏鞋文化博物馆	2011	天津

除了博物馆等文化机构的收藏，民间也不乏对传统服饰的收藏者，他们的收藏与博物馆收藏保存了民间传统服饰的庞大的物质体系，为民俗文化的保护与传承起到了积极的作用。

收藏是保护的一种手段，但不能改变传统纺织、印染手工艺逐渐消失的现状。为了传承与发展应该谋求更为广阔的发展空间。

三、与现代设计教育相结合的传统手工技艺的传承

不同的手工艺在传承的过程中面临不同的问题。在调研的过程中我们发现有的传统工艺的消亡一方面是因为科技发展的趋势，另一方面确实是失去了创新的能力。比如海宁的邬韵生老师傅作坊里还在生产彩色拷花布，但现在订单很少了，另外花版也很有限，也没有创作新花型的能力了。再如，南通缂丝精美绝伦，但这种技艺却鲜为人知，传承人的培养面临很大的问题。南通宣和缂丝研制所的王玉祥老人说，他们研制所再做十年是没有问题的，二十年就令人担忧了，因为后继无人。所以对于不同的手工艺的传承与保护应该有不同的策略。

联合国教科文组织在《保护非物质文化遗产公约》中对"保护"是这样定义的：指确保非物质文化遗产生命力的各种措施，包括这种遗产各方面的确认、立档、研究、保存、宣传、弘扬、传承，特别是通过正规和非正规的教育和振兴。

高校具有文化传承与传播的责任，这种使命感让高校在传统技艺与文化面临困境的时候必须有所作为。从表6-2可以看出，高校在对民间服饰的抢救中所做的工作。

文化和旅游部"中国非遗传承人群研修研习培训计划"于2015年启动，在全国范围内约定了23所试点院校。委托清华大学美术学院、中央美术学院、北京服装学院、中国美院、上海视觉艺术学院5所学校，对具有较高技艺水平的传统手工艺传承人或资深从业者进行研修培训。委托上海大学、苏州工艺美术职业技术学院等18所院校，对传统手工艺项目学徒或从业者进行普及培训。到2018年，参与中国非遗传承人群研培计划的院校已有112所。

江南大学依托民间服饰传习馆及高校的有利教育资源，审报通过了国家艺术基金项目"刺绣艺术创新青年人才培养"；湖南师范大学成立湘绣创新研发中心（2011），开发了湘绣文创产品；南通大学开展蓝印花布研究、江苏

工程职业技术学院沈寿刺绣传习馆成立；等等；都是非遗工作深入的表现。在非遗的传承与保护中，高校的参与，将为提升传承人的素质、手工技艺的传播与传承，以及传统工艺的产品创新起到积极的推动作用。

四、与现代市场的需求相结合的传统手工技艺产品的开发

南京大学文化与自然遗产研究所所长贺云翱教授说："非物质文化遗产能不能传承下去，归根结底要看它能否与现代人的生产、生活需求结合起来。"像苏州刺绣，南京云锦，这些非遗项目都兼具了　定的市场价值，迎合了现代人的需要，有很多人在学。相比之下，南通色织土布就与现代生活离得稍远些，……❶传统的手工技艺之所以在农业社会能代代相传，最重要的原因是它被广泛地需要，是生活、生产的重要部分，如何让传统的技艺被现代生活需要，这是解决目前困境的主要问题。所以与现在市场需求相结合的新产品开发是手工技艺传承的重点。

例如，蓝印花布不仅仅是"布"，也是纺织品的基础产品，如果蓝印花布的下游成品服装、家纺、装饰品等没有成熟的商业化产品，上游的蓝印花布如何能有销路？因此从这个角度上来看，目前南通二甲镇蓝印花布染坊只有掌握了"布"的设计与生产，只有当他们掌握了商业化蓝印花布"成品"的设计与生产，才能真正使蓝印花布成为市场上有吸引力的商品，才能真正把握蓝印花布的发展，蓝印花布传统技艺传承的难题才能迎刃而解。❷

2009年4月3日《南方日报》也发表过题为《规模化不能忽视精品化——香云纱开发应冲击产业高端》的报道，报道中说"顺德仅凭着上天赋予的独特的工艺在生产上独领风骚，而在真正赚钱的深加工和流通经营却没有顺德的痕迹。"作为业内的生产者，周晓刚建议香云纱的开发应该具有产业发展眼光，推动顺德香云纱生产由目前只停留在加工环节向高附加值的服饰生产环节发展，鼓励顺德企业创建自己的香云纱服饰品牌。

所以对纺织基础产品的深加工，对纺织终端产品的设计与开发，是传统手工艺发展的必由之路，这一点是达成共识的。

---

❶ 郑晋鸣，刘煜. 非遗传承，难在哪里？[N]. 光明日报，2014-3-31.
❷ 张毅. 南通传统蓝印花布染坊的现状及其技艺传承[J]. 内蒙古大学艺术学院学报，2012，9（2）：83-87.

江苏工程职业技术学院沈寿刺绣传习馆张蕾老师创建的"一庄"品牌，将刺绣与现代生活相结合，开发了一系列的具有现代审美的生活产品，使刺绣成为一种生活方式的需要，她的产品已进入多个商业综合体，并进入了苏州的诚品书店。在坚守传统仿真绣的高端作品创作的同时，让刺绣进入现代人的日常生活。

五、与现代艺术观念结合的传统手工艺创新传承

传统的手工织造、刺绣以其精湛的工艺一部分已经进入了艺术领域，如云锦、缂丝苏绣等，已不再是为了满足生活的需求，从发展的领域来说已经进入了艺术的领域，从销售市场来说，已进入了艺术市场。作为装饰品，实现的也不再是纺织品的穿、戴、用的作用，更侧重精神领域的审美作用。但是这种发展还是有一定的局限性，尤其在创新上。与现代艺术观念结合的传统手工艺创新传承为我们提供了又一个思路——把传统织染绣的工艺作为实现现代纤维艺术的手段。纤维艺术是艺术家以广义的纤维材料为主要创作媒介，以传统纺织技术为依托，以现代艺术观念为主导，远离传统实用性的观照，具有较为强烈的观念性、创造性、实验性、参与性、综合性和现代审美特征的一种新型艺术形式。[1]由于纤维艺术是材料的艺术，所以艺术家在创作时需要运用传统手工的织造技艺与印染、刺绣技艺，随着创作观念的改变，传统的工艺在现代纤维艺术中呈现出更多非传统的形式。

这种传统工艺与现代观念相结合的艺术形式从20世纪开始在西方出现，首先是在西方传统挂毯上的革新，不再追求对绘画作品的写真，而是追求超越材料本身的艺术境界，后来在表现形态、材料运用、制作手段上不断地拓展，有了从平面到立体的各种形态。我国是20世纪80年代之后，开始有真正意义上的现代纤维艺术，我国丰富的传统纺织、印染、刺绣工艺，为现代纤维艺术的发展提供了更多实现的手段，同时，这种创新的传承方式也为传统的印染织绣工艺的发展开辟一个崭新的方向，让传统的技艺呈现出一种新的活力。

民间传统纺织技艺的传承与发展是与文明进程、生活方式、审美需求紧密相连的。传统社会的相对封闭性，成就了传统文化的稳定性与完整性，也成了传统的技艺得以代代相传的客观条件。现代科技的发展与现代生活方式

---

❶ 龚建培. 纤维艺术的创意与表现[M]. 重庆：西南师范大学出版社，2007.

的改变，必定带来对传统文化的冲击，对传统技艺的威胁。在开放的现代社会大环境中，传统的纺织技艺确实面临巨大的挑战，要适应、要被需求，并求发展，这不是某一个人、某个群体、某一个机构的责任，也不是某一个方面的问题，这是一个系统的工程。而且不同的技艺发展状况也不尽相同，所以传承与发展的策略也应是不同的，从政府到学校，从民间团体到个人要达成共识，群策群力，共同努力，相信传统的纺、织、染、绣、缝等民间传统技艺定能为我们现代生活的可持续发展再度绽放绚丽的花朵。

附录 国家级染织类非遗名录

类别	序号	编号	项目名称	申报地区或单位
民间美术	316	VII-17	绣	上海市松江区
	317	VII-18	苏绣	江苏省苏州市
	318	VII-19	湘绣	湖南省长沙市
	319	VII-20	粤绣	广东省广州市、潮州市
	320	VII-21	蜀绣	四川省成都市
	321	VII-22	苗绣（雷山苗绣、花溪苗绣、剑河苗绣）	贵州省雷山县、贵阳市、剑河县
	322	VII-23	水族马尾绣	贵州省三都水族自治县
	323	VII-24	土族盘绣	青海省互助土族自治县
	324	VII-25	挑花（黄梅挑花、花瑶挑花）	湖北省黄梅县、湖南省隆回县
	325	VII-26	庆阳香包绣制	甘肃省庆阳市
传统技艺	363	VIII-13	南京云锦木机妆花手工织造技艺	江苏省南京市
	364	VIII-14	宋锦织造技艺	江苏省苏州市
	365	VIII-15	苏州缂丝织造技艺	江苏省苏州市
	366	VIII-16	蜀锦织造技艺	四川省成都市
	367	VIII-17	乌泥泾手工棉纺织技艺	上海市徐汇区
	368	VIII-18	土家族织锦技艺	湖南省湘西土家族苗族自治州

类别	序号	编号	项目名称	申报地区或单位
传统技艺	369	VIII-19	黎族传统纺织染织绣技艺	海南省五指山市、白沙黎族自治县、保亭黎族苗族自治县、乐东黎族自治县、东方市
	370	VIII-20	壮族织锦技艺	广西壮族自治区靖西县
	371	VIII-21	藏族邦典、卡垫织造技艺	西藏自治区山南地区、日喀则地区
	372	VIII-22	加牙藏族织毯技艺	青海省湟中县
	373	VIII-23	维吾尔族花毡、印花布织染技艺	新疆维吾尔自治区吐鲁番地区
	374	VIII-24	南通蓝印花布印染技艺	江苏省南通市
	375	VIII-25	苗族蜡染技艺	贵州省丹寨县
	376	VIII-26	白族扎染技艺	云南省大理市
民俗	511	IX-63	苏州甪直水乡妇女服饰	江苏省苏州市
	512	IX-64	惠安女服饰	福建省惠安县
	513	IX-65	苗族服饰	云南省保山市（昌宁苗族服饰）
	514	IX-66	回族服饰	宁夏回族自治区
	515	IX-67	瑶族服饰	广西壮族自治区南丹县、贺州市

2008年6月　第二批国家级非遗名录

类别	序号	编号	项目名称	申报地区或单位
传统美术	847	VII-71	堆锦（上党堆锦）	山西省长治市堆锦研究所、长治市群众艺术馆
	848	VII-72	湟中堆绣	青海省湟中县
	849	VII-73	瓯绣	浙江省温州市

类别	序号	编号	项目名称	申报地区或单位
传统美术	850	Ⅶ-74	汴绣	河南省开封市
	851	Ⅶ-75	汉绣	湖北省武汉市江汉区
	852	Ⅶ-76	羌族刺绣	四川省汶川县
	853	Ⅶ-77	民间绣活（高平绣活、麻柳刺绣、西秦刺绣、澄城刺绣、红安绣活、阳新布贴）	山西省高平市、四川省广元市、陕西省宝鸡市、澄城县、湖北省红安县、阳新县
	854	Ⅶ-78	彝族（撒尼）刺绣	云南省石林彝族自治县
	855	Ⅶ-79	维吾尔族刺绣	新疆维吾尔自治区哈密地区
	856	Ⅶ-80	满族刺绣（岫岩满足民间刺绣、锦州满族民间刺绣、长白山满族枕头顶刺绣）	辽宁省岫岩满族自治县、锦州市古塔区吉林省通化市
	857	Ⅶ-81	蒙古族刺绣	新疆维吾尔自治区博湖县
	858	Ⅶ-82	克尔克孜族刺绣	新疆维吾尔自治区温宿县
	859	Ⅶ-83	哈萨克毡绣和布绣	新疆生产建设兵团六师
传统技艺	882	Ⅷ-99	蚕丝织造技艺（余杭清水丝绵制作技艺、杭罗织造技艺、双林绫绢织造技艺）	浙江省杭州市余杭区、杭州市福兴丝绸厂、湖州市
	883	Ⅷ-100	传统棉纺织技艺	河北省魏县、肥乡县 新疆维吾尔自治区伽师县
	884	Ⅷ-101	毛纺织及擀制技艺（彝族毛纺织及擀制技艺、藏族牛羊毛编织技艺、东乡族擀毡技艺）	四川省昭觉县、色达县 甘肃省东乡族自治县
	885	Ⅷ-102	夏布织造技艺	江西省万载县、重庆市荣昌县
	886	Ⅷ-103	鲁锦织造技艺	山东省鄄城县、嘉祥县
	887	Ⅷ-104	侗锦织造技艺	湖南省通道侗族自治县
	888	Ⅷ-105	苗族织锦技艺	贵州省麻江县、雷山县

续表

类别	序号	编号	项目名称	申报地区或单位
传统技艺	889	Ⅷ-106	傣族织锦技艺	云南省西双版纳傣族自治州
	890	Ⅷ-107	香云纱染整技艺	广东省佛山市顺德区
	891	Ⅷ-108	枫香印染技艺	贵州省惠水县、麻江县
	892	Ⅷ-109	新疆维吾尔族艾德莱斯绸织染技艺	新疆维吾尔自治区洛浦县
	893	Ⅷ-110	地毯织造技艺（北京宫毯织造技艺、阿拉善地毯织造技艺、维吾尔族地毯织造技艺）	北京市 内蒙古自治区阿拉善左旗 新疆维吾尔自治区洛浦县

2011年6月　第三批国家级非遗名录

类别	序号	编号	项目名称	申报地区或单位
传统美术	1160	Ⅶ-103	上海绒绣	上海市浦东新区
	1161	Ⅶ-104	宁波金银彩绣	浙江省宁波市鄞州区
	1162	Ⅶ-105	瑶族刺绣	广东省乳源瑶族自治县
	1163	Ⅶ-106	藏族编织、挑花刺绣工艺	四川阿坝藏族羌族自治州
	1164	Ⅶ-107	侗族刺绣	贵州省锦屏县
	1165	Ⅶ-108	锡伯族刺绣	新疆维吾尔自治区察布查尔锡伯自治县
	321	Ⅶ-22	苗绣	贵州省台江县
	324	Ⅶ-25	挑花（苗族挑花）	湖南省泸溪县
传统技艺	1172	Ⅷ-192	蓝夹缬技艺	浙江省温州市
	1173	Ⅷ-193	中式服装制作技艺（龙凤旗袍手工制作技艺、亨生奉帮裁缝技艺，培罗蒙奉帮裁缝技艺，振兴祥中式服装制作技艺）	上海市静安区、上海市黄浦区、浙江省杭州市
	363	Ⅷ-13	南京云锦木机妆花手工织造技艺	江苏汉唐织锦科技有限公司

类别	序号	编号	项目名称	申报地区或单位
传统技艺	375	Ⅷ—25	蜡染技艺（苗族蜡染技艺、黄平蜡染技艺）	四川省珙县、贵州省黄平县
	882	Ⅷ—99	蚕丝织造技艺（杭州织锦技艺、辑里湖丝手工制作技艺）	浙江省杭州市，湖州市南浔区
	883	Ⅷ-100	传统棉纺织技艺（南通色织土布技艺、余姚土布制作技艺、维吾尔族帕拉孜纺织技艺）	江苏省南通市、浙江省余姚市、新疆维吾尔自治区拜城县
	884	Ⅷ-101	毛纺织及擀制技艺（维吾尔族花毡制作技艺）	新疆维吾尔自治区柯坪县
	888	Ⅷ-105	苗族织锦技艺	贵州省台江县、凯里市

2014年1月　第四批国家级非遗名录

类别	序号	编　号	项目名称	申报地区或单位
传统美术	1314	Ⅶ-110	京绣	北京市房山区、河北省定兴县
	1316	Ⅶ-112	抽纱（汕头抽纱、潮州抽纱）	广东省汕头市、潮州市
	317	Ⅶ-18	苏绣（扬州刺绣）	江苏省扬州市
	853	Ⅶ-77	民间绣活（夏布绣）	江西省新余市
	856	Ⅶ-80	满族刺绣	黑龙江牡丹江市、克东县
	857	Ⅶ-81	蒙古族刺绣	内蒙古自治区苏尼特左旗
传统技艺	374	Ⅷ-24	蓝印花布印染技艺	浙江省桐乡市
	882	Ⅷ-99	蚕丝织造技艺（潞绸织造技艺）	山西省高平市
	883	Ⅷ-100	传统棉纺织技艺（威县土布纺织技艺、傈僳族火草织布技艺）	河北省威县、四川省德昌县